情绪控制术

怎样管住情绪不失控

米苏 著

中国纺织出版社

内 容 提 要

亚里士多德说过："任何人都会生气，这没什么难的，但要情绪能适时适所，以适当方式对适当的对象恰如其分地生气，可就难上加难。"克制自己的坏脾气，从某种程度上说，就如同在挑战自己的人性本能。而我们这本书要讲的，就是身为普通人，该如何适时适所，对适当对象恰如其分表达情绪，管住脾气，重启人生。

图书在版编目（CIP）数据

情绪控制术：怎样管住情绪不失控 / 米苏著. —北京：中国纺织出版社，2017.7（2023.5重印）

ISBN 978-7-5180-3527-4

Ⅰ.①情… Ⅱ.①米… Ⅲ.①情绪—自我控制—通俗读物 Ⅳ.①B842.6-49

中国版本图书馆CIP数据核字（2017）第082131号

策划编辑：郝珊珊　　责任印制：储志伟

中国纺织出版社出版发行

地址：北京市朝阳区百子湾东里A407号楼　邮政编码：100124

销售电话：010—67004422　传真：010—87155801

http：//www.c-textilep.com

E-mail：faxing@c-textilep.com

中国纺织出版社天猫旗舰店

官方微博http://weibo.com/2119887771

永清县晔盛亚胶印有限公司印刷　各地新华书店经销

2017年7月第1版　2023年5月第4次印刷

开本：880×1230　1/16　印张：7

字数：124千字　定价：48.00元

序　言

悄悄告诉你，坏脾气不是天生的！

“对不起，我这个人脾气不好……”

“真不是故意的，就是控制不住情绪……”

“我也不想那么做，当时就像变了一个人……”

“……”

类似的话语，你是否也经常挂在嘴边？许多人似乎觉得，所有的坏脾气都是与生俱来的，禀性难移，自己也无能为力。那么，事实果真如此吗？显然不是。若真如此，我们这本书也就没有存在的意义了，也不会再有人去谈论情绪控制的话题了。

美国石油大王洛克菲勒，年轻时脾气暴躁，在53岁以前满脑子想的都是怎么赚钱，几乎牺牲了所有娱乐和休息的时间，还经常陷入焦虑不安中。这种糟糕的情绪状态严重影响了他的身心健康，最难熬的时候，他的身体几乎差到无法吃正餐，只能靠少许饼干和酸奶充饥。医生忍无可忍，逼着洛克菲勒在金钱和生命之间做出抉择，并为他定了三条铁律，第一条就是“不为任何事烦恼”。

自此以后，洛克菲勒开始痛改前非，安心养病。回顾过去的种种行为，他意识到了自己的问题所在，不再为小事烦恼、焦虑，不再动不动就大发雷霆，从坏脾气变成了好脾气。这种转变把他从死神手里夺了回来，他又健康地活了很多年。

这足以说明，坏脾气不是天生的，也不是没有救，而是你想不想去改变。那些所谓的好脾气、性情温和的人，虽说也有性格因素的关系，但多半都是后天努力修炼出来的。我们没有办法切断先天的情绪产生机制，但完全可以通过后天的培养和学习，树立对人情世故的正确认识，不断地修行，不断地完善自我，做情绪的主人，而不是让负面情绪主宰自己的心灵与理智。

在这个愈发浮躁的时代，坏情绪强化了心神不定的感觉，也让人无法从容自得地生活。我们每天都在各种情绪中转换，克制自己的坏脾气，从某种程度上说，就如同在挑战自己的人性本能。情绪失控是一件伤人伤己的事，管得住脾气，才控制得了人生。

每个人的情绪都难免有高低起伏，善于控制情绪的人则有将情绪马上收回的本领，一个平和的情绪，胜过一百个智慧。

当你翻开这本书时，恭喜你，已经走在修行的路上了。在此，借用成功大师奥格·曼迪诺的一段精彩文字，作为撰写本书的一份祝愿——

“弱者任思绪控制行为，强者让行为控制思绪。今天我要学会控制情绪。我从此领悟了人类情绪变化的奥秘。对于自己千变万化的个性，我不再听之任之。我知道，只有积极主动地控制情绪，才能掌握自己的命运！”

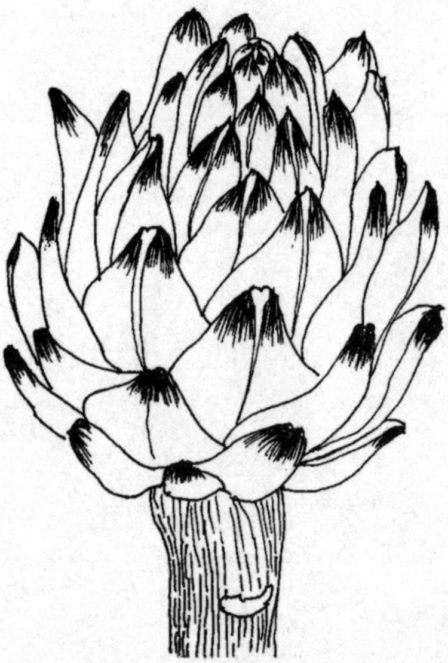

Chapter 1
揭开“情绪智力”的神秘面纱

Chapter 2
认识情绪魔镜中的自己

Chapter 3
为什么你总是忍不住发火

Chapter 4
静下来，带自己走出焦虑风暴

Chapter 5

当心！别让悲观抑郁肆意疯狂

Chapter 6

停止喋喋不休，生活不相信抱怨

Chapter 7

推倒自卑的情绪，每个人都不完美

Chapter 8

真正的恐惧，就是恐惧本身

Chapter 9

调适心境，移除压力的暗堡

Chapter 1

揭开“情绪智力”的神秘面纱

人生的成功，究竟是靠IQ还是EQ

过去的很多年里，人们在衡量一个人的能力水平时，往往会把智力商数IQ作为一个标尺。然而，随着现代心理学的发展，人们发现，在IQ以外，还有另外一个生命科学值得重视的参照元素，它就是情绪商数，也称情商EQ。

有些人天生聪颖，可在生活中一事无成，甚至把自己活成了孤家寡人，经济状况也很糟糕；有些人智商突出，却在人际交往方面一塌糊涂，遇到事情时没有任何人愿意帮他。正因为此，近年来屡屡出现高校大学生自杀的情形，他们有的是异国留学生，有的是中科院的博士后，就个人的智商和学历条件来说，都算得上是佼佼者，而他们选择轻生的原因，都是因为不善于调节情绪，致使精神崩溃。

骄子们在象牙塔里徘徊抑郁，而荧屏中的一个“傻小子”却活出了常人难以企及的精彩，他就是《阿甘正传》里的主人公阿甘。阿甘的IQ只有75，可他有着一份坚定的信念，无畏童年伙伴的歧视和侮辱；在橄榄球场上肆无忌惮地奔跑，成为耀眼的明星；在越南战场里死里逃生，成为英雄；最后拥有了自己的捕虾船，成了亿万富翁。

阿甘是一个虚拟的人物，虽然IQ比较低，但正因为“想得少”，致使他的情绪状态相对稳定，无论遇到什么问题，他都能坦然面对。那些在现实中选择不归路的佼佼者，IQ很高，但在情绪管理方面，却与阿甘有着遥远的距离。

很多时候，IQ只能使一个人获得短期的成功，可人生那么长，想做一辈子的赢家，还得修炼情商。简单来说，情商就是自我管理情绪的能力。心理学家通过长期研究，把情商分为五个主要领域。

▶ 第一，自我意识。

自我意识是情商的基石，它能让人及时认识到感受的产生。了解自我的人，往往对生活有着更强的掌控能力；倘若无法注意到自身的真实感受，就只能听命于感受的操控。

▶ 第二，情绪管理。

在自我意识的基础上，管理好情绪也是一种能力。每个人都不可避免会遇到积极和消极的情绪，用什么样的方式去处理情绪，就会得到不一样的结局。沉迷于消极情绪中不可自拔，结果只能迷失自我，深陷痛苦的泥潭。

▶ 第三，自我激励。

情绪会影响人的心智，陷入紧张、焦虑、恐惧中时，人会出现短暂的失忆，心理状况也会受到影响；而积极的情绪能够对人产生引导作用，让人在面对困境的时候，能保持热情和乐观。

▶ 第四，识别他人。

我们将了解他人感受的能力称为同理心。通常情况下，人们用语言表达自己的感受，但很多时候人们更偏重于用表情、隐喻、动作来表达心情和需要。同理心强的人，可以及时地体会到这种表达，并且做出适当的回应。

▶第五，人际关系。

恰当地处理人际关系是一门技术，掌控他人的情感是处理人际关系的前提。擅长社交的人，能够很好地捕捉并掌控他人的情绪，受欢迎程度高，领导力和亲和力也比较强。

每个人都无法做到尽善尽美，有的人善于自我激励，但不懂得如何与人相处；有的人善于识别他人，却忽略自己的感受。这些都是正常的，也是可以依靠后天的学习不断改善的，只要愿意去做出努力，人人都可以向高情商靠拢。

一切行为态度，都是情绪的衍生品

心理学家曾说，任何行为都是情绪的结果，任何态度都是情绪的衍生品。无论是态度温和的好性情，还是态度恶劣的暴脾气，都脱离不开情绪的支配。

情绪和情感是客观事物是否符合人的需要与愿望、观点而产生的体验，情绪的“情”实际上反映了人与外部环境之间的利益关系；情绪的“绪”体现的是对“情”的体验程度。这就意味着，我们对利益关系的认知，在很大程度上影响了我们的情绪和行为。

当你丢掉了一件心爱的东西，失去了一个心爱的人，必然会感到悲伤；当你的正当利益被他人侵犯，你自然会感到愤怒；当你迷茫不知所措的时候，必然会感到压抑。这些负面的情绪，反映出的都是不同利益的受损带来的痛苦。反过来，那些喜悦、激动、快乐的情绪，反映的刚好是利益增加的情况。

简单来说，情绪是一种主观体验，也是对现实的反映。不过，它反映的不是客观事物本身，而是具有一定需要的主体与客体之间的关系。凡是能满足人的需要和愿望的客观事物，都会让人产生积极的情绪体验；凡是不符合人的需要或违背人的愿望的客观事物，都会让人产生负面的情绪体验。

不同的情绪，会给人带来什么样的影响呢?

一间医院里住着两个患了同样疾病的病人。甲的症状较轻，经过一段时间的治疗基本上已经痊愈；乙的病情较重，医生也表示无能为力，只好让他回家休养。

两个人同一天出院，由于医护人员的马虎，出院时把两份病情通知弄混了。结果，甲接到的通知是病重尚未痊愈，而乙接到的通知是病情基本痊愈。甲的心情一下子就跌到了谷底，觉得周围人一直在对自己隐瞒病情，病是无法治好了。乙看到通知书的那一刻，格外轻松，开始以全新的态度去生活。

不久之后，病情基本痊愈的甲，身体状况开始出现恶化的趋势；而病重的乙，无论是精神还是身体，都感觉比过去好多了。而这一切，完全是情绪使然。

愉悦的心情能给人积极正面的刺激，消极的情绪会引发各种疾病，因此，有人把情绪称为“生命的指挥棒”和“健康的寒暑表”。美国社会心理学家利昂·费斯廷格曾经说过：“当人的行为与态度发生矛盾时，态度将改变，与行为保持一致。”这就是说，态度永远是跟行为保持一致的，比如，抱怨是因为没有得到自己想要的利益而产生的坏情绪，而喋喋不休地埋怨就是为了与这种坏情绪衍生的态度保持一致而引发的行为。

那么，有没有一种方法，可以扭转负面的情绪体验呢?

在此，我们不妨从一则寓言故事中找寻启示：有个老人养了一群猴子，他跟猴子们商量：“早上给你们三个栗子，晚上给你们四个，行不行？”猴子们不想早上吃不饱，纷纷反对。老人又说：“那我们换一种方式，早上给你们四个栗子，晚上给三个，可以吗？”猴子们很开心，满意地接受了。

故事乍听起来让人忍俊不禁，但请深入思考一下：老人给的依旧是七个栗子，不多不少，为什么换成朝四暮三之后，猴子的情绪体验就发生变化了呢？这里牵扯到一个问题，就是猴子们渴望早上就吃饱，这是它们的利益诉求。当朝三暮四变成了朝四暮三，猴子对利益的认知发生了变化，以为是对自己有利的，就转怒为喜了。

从这一点上来说，人虽然受先天的情绪支配，但完全可以通过理性思考来调整情绪，而这也正是我们要说的重点——情绪控制。由于情绪的本质是对利益关系的认识，那么想要真正改变情绪，就得改变对利益关系的判断。情绪转变的过程，实则就是认识转变的过程。

所有高情商和好性情的背后，通常都是豁达的心胸，以及对事物一分为二的认识，而不是偏执、较真。记住一句话：当世界无法改变时，改变自己；当事情无法改变时，改变态度。

你的情商高低，决定你生命的轨迹

在世人眼里，股神巴菲特绝对是神一般的人物，他的成功绝非偶然，而是多重因素共同作用的结果，其中情商占据了很大一部分。他说过这样一句话："有效控制情绪，可以让我的投资收益再提高30%。"

所谓的高情商，其实就是对情绪的理解和控制，以最大化提升其对行动的正面影响。不信你看，那些任由情绪牵着鼻子走的人，往往在生活和事业上都不会太如意。这一点，我们从凡·高和毕加索的人生经历上就能感受得到。

1987年，荷兰画家凡·高的代表作之一《向日葵》在伦敦以2250万英镑的天价拍卖，可对于这样的成就，凡·高本人是永远不会知道的，因为那时的他早已离开了这个世界，而他生前只卖出过一幅画，得到的只有区区2法郎。

凡·高是一个性格孤僻、思想极端的人。他喜欢不切实际地幻想，这让他在生活中屡屡碰壁。当他投身于绘画后，就把内心所有的激情都宣泄在了画笔上。凡·高善于用色彩表达内心强烈的感情。他的画风早期比较沉闷，在受到印象派和新印象派的影响后，画风开始朝着简洁明亮的方向转变。

凡·高在自画像的底色中运用了螺旋线，僵硬的表情也变得生动。看起来有些古怪的他，在自画像中显示出了细腻敏感的一面。从色彩和笔触的交融中，能够窥测到凡·高内心的纠结与痛苦。当他无法将痛苦全部倾泻在画布上时，就只有用已经不再健康的心理来承担。

1890年，凡·高再也承受不了内心的痛苦，他选择在麦田里开枪自杀。英年早逝的他，永远不知道，自己的绘画天赋令多少后人啧啧称赞。在他身上，我们还看到了一点：当一个天才的情商存在极大缺陷的时候，他的人生也注定不会是坦途。

同样具有非凡艺术才能的画家毕加索，比凡·高晚28年出生，他的命运却是另一番模样。导致两个天才命运悬殊的原因，同样离不开情商。

毕加索在14岁时接受了新艺术和新思想的影响，又目睹了西班牙殖民地战争的失败带给人们的悲惨遭遇，双重的刺激在他的潜意识里留下了忧郁的种子。23岁时，毕加索去了巴黎，定居在流浪艺术家的聚会之地。他迎来了甜蜜的爱情，悲伤和忧郁也开始被冲淡，所有的幸福和喜悦都被他洒在了画板上。

第二次世界大战期间，毕加索目睹了法西斯的残暴行径，他心里郁积了太多的负面情绪，但他并未因此心理扭曲，而是将这些复杂的情感通过绘画宣泄出来。他曾经说：“当我们以忘我的精神去工作时，有时我们所做的事会自动地倾向我们。不必过分烦恼各种事情，因为它们会自然或偶然地来到你身边。”

豁达的人生态度，让毕加索的画风也在不断地转变，更让他的艺术才能不断地提升。毕加索年轻时经常独自背着画板去大自然中写生，年老后，他坚持做体操和日光浴，饭后到公园散步。与此同时，他还创造了一套特别的斗牛舞，工作之余与妻子儿女们一起表演，共享天伦。

毕加索的一生经历过许多创伤，却没有影响他对生活的热爱，对情绪的控制能力让他得以长寿。他是有史以来第一位亲眼目睹自己的作品被收藏进卢浮宫的画家。1999年12月，法国的一家报纸进行民意调查，毕加索以40%的高票当选为20世纪最伟大的十位画家之首。

情绪是人心中的一片海洋，会泳者险中重生，迷失者自我埋葬。成长的历程不会永远如人所愿，艰辛坎坷都是难免的，不断培养和提升自己的情商，用恰当的方式为自己调节情绪，命运可以掌握在自己手中。

每一种情绪都有其意义和价值

无论你是什么身份、什么地位，是名利双收或是不名一文，总有一个“朋友”不离不弃地陪着你、影响你，它就是——情绪。

什么是情绪呢？工作不顺心的时候会不满，期望变成失望的时候会失落，生活捉襟见肘的时候会焦虑，这些促使着我们心潮起伏、思绪万千的东西，就是“情绪”。

人类拥有数百种情绪，或泾渭分明，或相互渗透，大同小异的情绪彼此混杂，十分微妙，通常只可意会不可言传。大体说来，人有九种主要的情绪：快乐、温情、惊奇、悲伤、厌恶、愤怒、恐惧、轻蔑、羞愧。另外，也有人认为人类只有四种基本的情绪：喜、怒、哀、惧，其他的情绪都是这四种基本情绪的混杂。

可能很多人会问：如此复杂多变的情绪，到底是从哪儿来的呢？直到20世纪90年代，科学家和相关学者才开始对“情绪”进行专题研究。具体来说，情绪的来源有以下几个方面。

第一，生活的突然变动。

当生活遭遇突如其来的变故，情绪就会随之而来。这些变动是我们很难有效处理的，有时甚至会造成身体的不适和疾病。例如，亲人突然离世、夫妻离异、牢狱之灾、受伤、失业等，都会引起情绪波动。

第二，不可避免的困扰。

生活不可能是一潭平静的湖水，总会时不时地荡起一些涟漪，比如辛苦写出的报告忘记保存，或是遭遇停电丢失了；认真对待的朋友，后来因为一些利益背叛自己……这些小挫折、小困惑积累起来，也会变成破坏健康情绪的元凶。

第三，遭遇突发事件。

灾难的发生，不仅仅会影响伤残的受害者，对于现场目击者、前往救援的人，以及受害者的亲属等，都是一桩重大的情绪事件。最常见的就是车祸、地震、海啸、爆炸等恶性事件。

第四，社会事件。

生活空间过度拥挤、经济萧条、社会安全、环境污染等社会问题，都可能造成情绪波动，现如今酗酒致死、自杀、婴儿死亡等问题的发生率显著升高，就与社会事件有着紧密的关系。这些不仅是科学技术上的问题，也是心理上的问题，单靠个人的力量，要解决这些问题是很难的，需要整个社会的共同努力。

也许你已经意识到了，在诸多的情绪中，坏情绪所占的比重似乎更大一些。正因为此，人总是在不知不觉中就会进入不良的情绪状态中。生活中可以很好地掌控情绪的人，往往都是情商比较高的人，而这也正是我们要努力的方向。

不过，也有人提出疑问：是不是负面情绪都是不好的，不应该产生？掌控情绪就是要消灭或压抑这些坏情绪呢？当然不是！掌控情绪的前提，是认识和接纳每一种情绪，认识到人生中的每一件事都是在给我们提供学习如何让人生变得更好的机会。

痛苦能让我们回到此时此地的现实之中；内疚能让我们重新检查自己的行为目的；悲哀会让我们重新评价目前的问题所在，并改变某些行为；焦虑能引起我们的注意，多为未来做准备；恐惧则能动员起全身心，让我们保持高度清醒，应付险情……这些痛感，从某种意义上来说，也是一种动力。任何一种情绪，如果能被妥善利用，都能让生活变得更好。

成熟的标志是能够操控情绪

曾国藩在总结古往今来的失败者的特质时，曾一针见血地指出，无论他们是普通人还是英雄，大都败在了气度不够开阔、不耐烦、不能控制自己的情绪上。他在给曾国荃的信里，写到过这样一番话：

"我一天天老了，也还经常有控制不了自己的肝火的时候。但是我总是提醒自己要抑制住怒气，这也就是佛家所讲的降龙伏虎。龙就是火，虎就是肝气。自古以来，有多少英雄豪杰没有过去这两关啊，也不仅是你我兄弟这样。关键要抑制自己的情绪，不能让他随便发作。儒家、佛家理论不同，然而在节制血气方面，没有什么不同。"

后来，曾国荃在控制情绪方面有所进步，曾国藩非常高兴，又写信说道：

"你在愤激的时候，也常常是有发有收，以此来看，你的道德器识一定是不可限量的，将来的福分也是不可限量的。一般来说，干大事的人靠的就是一口气，这口气长期郁积在胸中，所以倔强到了极点，就不会不表露出来。以后我们兄弟动气的时候，要互相劝诫，存其倔强，而去其忿激，这样就可以了。"

在曾国藩看来，为官者若不能保持冷静的头脑，而常常做出情绪化的反应，是一种不成熟的表现。早年的他也有过无法控制情绪的毛病，后来下了一番力气去弥补这一缺点，逐渐改掉了易怒的毛病，遇到任何问题都能理智地处理。

曾国藩的经历和忠告，对芸芸众生而言，都是受益匪浅的。真正的成熟，绝非生理年龄上的成熟，更多的是心理层面的成熟，能够对情绪有理性地控制。孩童时期得不到满足时，我们会用哭闹来发泄情绪；而真正成熟以后，我们会分清客观条件能否满足自己的某种需求，在需求得不到满足时，能否考虑用其他东西替代，来平衡内心的感受，维系正常的生活。

那么，如何才算得上情绪成熟呢？

▶ 第一，情绪成熟首先是能够控制住自己的情绪。

比如，在生活中与亲人、朋友发生了矛盾，不懂得用沟通的方式来消除分歧，而采用怄气、冷战的方式处理，这就是不成熟的表现；再如，情绪在一天内跌宕起伏数次，一受到刺激就大发雷霆、丧失理智，这样的人在情绪上也是不成熟的。

▶ 第二，沉稳、理智地处理问题是情绪成熟的标志。

对于外界的刺激，情绪成熟的人一定会先通过内部处理机制予以分析消化，再决定作出什么反应，而不是像简单生物一样，给予一个什么刺激，就产生一个固定不变的反应。

▶ 第三，情绪的成熟体现在善于把自己的情绪作为行动的动力。

情绪成熟的人知道何时需要理智地控制情感，也知道怎样利用感情激发行为，很清楚什么时候需要冷却，什么时候需要热腾。

▶ 第四，情绪成熟在于清晰准确地认识自己的情绪，善于进行调节。情绪成熟的人在遇到挫折时，也会有消沉、自卑、失望等情绪，但他们知道这不是情绪本身的错，而是会努力地认清客观现实，通过积极地思考，找寻解决问题的途径，摆脱消极情绪的困扰，让自己重新振作起来。

▶ 第五，情绪的成熟在于知道如何投入和分配情感。善于管理情绪的人，懂得节制与平衡，不会把所有的情感投入一人一事上，能够控制自己的行为。

如果上述的这些表达，还是无法让你理解何谓情绪成熟，那么，心理学家赫洛克对于青年情绪成熟问题提出的四条标准，也许能给你一些清晰的思路。

标准1，能保持身体健康

对于因失眠、头痛、消化不良等疾病引起的情绪不稳定，有很好的控制能力，能管理好身体，正确对待疾病。

标准2，有行动控制能力

能考虑到行动的后果与社会的限制，不是想干什么就干什么。

标准3，消除紧张的情绪

不盲目压抑情绪，而是变不利为有利，让其朝着无害的方向转化。

标准4，对社会有洞察力

能通过自己的分析思考，对各种社会现象做出较为正确的判断。

赫洛克还提出，一个人的情绪成熟与否，当从知、情、意三方面提出以下五项内容来做出判断：正常的情绪状态、对他人情绪的态度、对爱情的接受能力、较高的欣赏能力和表示敌意的能力、对自己情绪的态度。

情绪成熟不是一天两天可以完成的事，要经过一些事情的磨砺和淬炼，也要有自我更新和成长的意识与欲求。当情绪成熟了，会更容易保持健康的身心状态，游刃有余地应对错综复杂的世事。

控制情绪，不等于封闭感情

小不忍则乱大谋的道理，从古至今一直都被世人铭记于心。我们在前面也说过，忍耐和控制是情绪成熟的标志之一。是不是任何时候、任何负面情绪，都得朝着抑制的方向发展呢？

显然不是如此。每种情绪都有其存在的价值，只要情绪不是“过度控制”或“失去控制”，对人都是有益的。打个比方，看到一幕动情的片段，如果一个人毫无感觉，那的确很令人怀疑他是否懂得生命的意义、是否热爱生活。若有人受到欺负，却没有适度地表现出生气的情绪，无疑会助长对方的嚣张气焰，这并不是什么好事。

很多抑郁症患者最明显的症状就是情感淡漠，对任何事情都提不起兴趣，也没有什么东西能让他们的情绪泛起波澜。生活本是丰富多彩的，也会有汹涌澎湃的浪潮，只有热爱生命的人，才能体会到它的美好与壮丽。

我们之所以强调要控制情绪，是因为它有利于人的长远发展，也能给人带来更大的利益，是理性思考的结果。倘若控制情绪给人带来的收益很小，那就没有理由这样做了。

长久以来，我们的文化都是比较抑制正向情绪的，如“乐极生悲”“生于忧患、死于安乐”，这些观念总是潜移默化地影响着我们，让一些正向情绪短命或夭折。可是，回头想想看，努力奋斗了半天，无法心安理得地享受快乐，不是很奇怪吗？似乎让正向情绪持续得久一点是不应该的，对别人有所亏欠，结果就只能让快乐越来越少、越来越难。

让美好的情绪持续得久一点，让不好的情绪转变得快一点，这才是真正的情绪控制。我们没必要时刻准备去控制情绪，该快乐的时候就享受快乐，该释放的时候也不要刻意憋着，真正的高情商，其实是善于激发积极情绪，适时适当地释放不良情绪。

情绪本身没有好坏之分，只是人们对于环境的反应。如果你觉得情绪本身是坏的，是不可接近的，或是对它提前预设了立场，那你必须澄清这个错误观念了。事实上，情绪是一种中性的力量，每个人都会有倾向于不同情绪的反应，这很正常，只要不过分，不必避讳，也不必过于敏感地进行干预。

从本质上来说，情绪管理的核心，是以最恰当的方式来表达情绪，而不是压抑情绪、封闭情感。没有人不会动怒、失控，但不是每个人都会让愤怒、失控的情绪以最糟糕的方式跑出来伤人伤己。我们要学会的是，用适当的方式，对适当的对象，恰如其分地释放情绪。

Chapter 2

认识情绪
魔镜中的自己

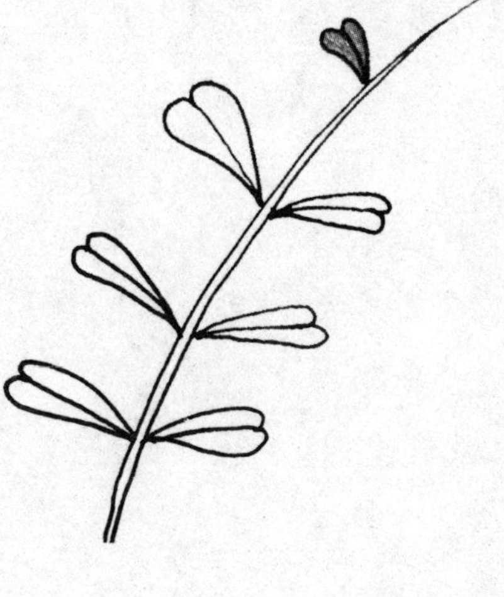

认识情绪始于知道“我是谁”

古希腊的神庙上，镌刻着苏格拉底的一句警世箴言：认识你自己。认识自己不是一件简单的事，正所谓“不识庐山真面目，只缘身在此山中。”其实，人对自我情绪的认识也是这样，很多人都无法了解自己的情绪，常常迷失在自我当中。

一位好斗的武士向禅师询问天堂与地狱的含义。

禅师说：“你性格乖戾，行为粗鄙，我没有时间跟如此的人论道。”

武士恼羞成怒，拔剑大骂：“你竟敢对我如此无礼，看我一剑杀了你。”

禅师说：“此乃地狱也。”

武士恍然大悟，心平气和地纳剑入鞘，伏地鞠躬，感谢禅师的指点。

禅师又道：“此乃天堂。”

简单的一个小故事，透过武士的行为传递出启示：人在处于某种情绪中时，往往会迷失自我，但又会在事情发生之后，幡然醒悟。不过，对于同一件事，不同的人也会有不同的情绪反应，主要原因在于：

1.人的天生气质存在差异，如知觉反应的快慢不同，人对刺激的敏感程度不同。

2.人的经历不同，曾经遭受过强烈的伤害，很容易在类似的环境中引发相似的情绪。

3.人的认知习惯不同，对事物的看法不一样，情绪感受自然千差万别。

置身事外来叙述原因，我们可以分析得很清楚，可当自己真正置身于某一件事情当中，却很难觉察和认清自己的情绪。也许你会问：那我们要如何来认识自我呢?

▶ 第一，透过自省来净化自我。

想要更好地了解自己、认识自己，必须经常对自己的行动进行审视和思考。在无暇自我反省的意识形态下，往往会处于自我感觉良好的状态。殊不知，当你感到天空蒙尘的时候，最重要的是擦一擦你那不太清亮的双眸。

每隔一段时间，透过自己这面镜子映照一下内心，看看自己处于什么样的状态中。如果发现自己是积极、乐观的，那要继续保持；倘若发现了自己不敢去面对的弱点、伤痛，就要想办法调节自己，以平和的心态去对待它。

▶ 第二，透过比较来认识自我。

当你不知道自己是对是错时，去看看身边的人是怎么做的；然后，经过自己的思考，发现自己的缺点和不足。同样，你可以从别人的态度中把握自我，留意别人对自己的态度和反应，以此来获得一些评价。

▶ 第三，学会从成绩中认识自我。

各人的潜能不同，有人擅长文字而拙于工艺，有人不善言辞而精于计算，倘若只看到少数项目上的成绩，就无法察见个人的才能和禀赋的全貌。所以，要全面客观地看待自己的成绩，全面客观地认识自我。

人生最大的智慧是了知生命的本质和秘密，个人最大的幸福是预知自己的命运，而这种预知源于正确认识自己，掌控自己的命运。要相信，每个人都是一块美玉，当你认识了自己，才能把自己雕琢得更加美丽，否则的话，就只能藏在粗糙的石头表皮之中，暗淡地存在。

聆听内心，提升自我觉察力

看过《儒林外史》的朋友，一定还记得范进中举的故事。穷困潦倒的范进，寒窗苦读多年，终于看到自己的名字出现在红榜上。激动过头的他，拍拍手掌说了一句“我中了”，之后就倒地不省人事了。醒来之后，他爬起来朝着门外飞跑，脚踹在塘里，头发跌散，两手黄泥，喜极而疯了。

从情绪管理的角度来说，无论是悲伤、抑郁，还是兴奋、激动，都是过犹不及的。很显然，范进就属于喜极而疯的那种。想要正确认清自己的情绪，必须提升自我觉察能力，不能让自己跟着感觉走，而是要学会控制自己的感觉。

如何来进行自我觉察这项工作呢？这里介绍几种方法供参考。

▶ 第一，做好情绪记录，观察情绪变化。

平日要养成记录情绪的习惯，把每天分成几个时段来记录，写下自己情绪变化的原因。这样的训练有助于自我觉察、检测情绪的平稳度。了解了自己一天的情绪起伏变化后，试着去找原因，给自己评估。权衡一段时间的变化，找出变化特征，做出整体性评估。

▶ 第二，消除不合理的信念，树立理性观念。

任何人都会出现负面情绪，只是有些人不知道这些情绪是负性的，反认为是理所当然的，任由负面情绪泛滥。只有自我察觉，消除不合理的信念，建构理性观念，才能从根本上控制情绪。

具体来说，就是要列出引发不良情绪的事件和回忆，找到究竟是什么因素引发了自己的不良情绪。接着，找出对不良事件认识上的非理性观念，对照客观情况，清查自己当初的负性情绪到底是什么。通过对非理性观念的认识和纠正，找出合理的观念，帮助自己改变情绪。

▶ 第三，找到改变情绪的途径。

弱者任由思绪控制行为，强者则让行为控制思绪。作为情绪的主人，每个人都有能力控制不良情绪，树立调控情绪的自信非常重要，要把这种自信心的训练贯穿于生活的每时每刻。

Step1：看到自己的优势与长处，这是树立信心的第一步。

Step2：做每件事时要全身心地投入，减少不必要的担心。

Step3：积极地想办法应对暂时的挫折，不要想着逃避。

深刻地自我觉察，了解自己的情绪，是很重要的事情。在觉察之后，还要学会诚恳地面对自己的情绪，接受每个人都可以有情绪的事实，这样才能了解内心真正的感觉。不要认为观察情绪是浪费时间，没有细致的观察就不会有自我觉察。

当你感觉到自己的情绪时，要试着问自己几个问题：我现在是什么情绪状态？如果是不良的情绪，是什么原因导致的？这种不良情绪会有什么样的消极后果？要如何控制自己的情绪？认真回答这些问题，权衡正误。

总之，我们要容许自己和他人都有停下来观察自己情绪的时间，这样才不至于在冲动之下作出错误的决定，找到最适合自己的安心方式，是我们一辈子要做的功课。

不抗拒，无条件地接纳自己

很多负性情绪的泛滥，都是源自无法接纳现实，接纳自我。

接纳分为有条件自我接纳和无条件自我接纳。在有条件的自我接纳中，是要求自己必须满足什么样的条件，才能够被接受、被爱，这是一种不健康的自我接纳，把自己的缺点看成不可接受和应受到谴责的。相反，在无条件的自我接纳中，虽然知道自己有缺点，但不自轻自贱，而是保持一种自尊的精神，认为有缺点没什么大不了，这是人性的一部分。

无条件的自我接纳，往往能够促使个体的成长。至于那些感觉到自己没什么价值、陷入绝望中的人，多半都是把精力放在了感受自己的不足和批评自己身上。结果呢？这种方式并没有让自我感觉变好，而是把情绪也拉入了深渊。

人生不可能不犯错，也不可能没有意外和遗憾。只要行动就有可能出现差错，但出错本身不是错，经验都是在错的基础上建立起来的，能力也是在行动中锻炼出来的，意志更是在痛苦中磨砺出来的。无条件地接纳自我，是看到自己的不足和缺陷，接纳它，而后去改进和提升。每一次挫折和错误，都是一个发现自我、觉察自我的机会。

张海迪的人生遭遇了太多的挫折。在身体致残后，她一度陷入了低迷的情绪中，所幸她有很好的自我觉察力，不愿意就这样被坏情绪主宰，了此一生。于是，她开始尝试去接受自己的遭遇，接受自身的缺陷，全身心地投入学习和写作中。在不幸遭遇的基础上，她加以创造发挥，最终写出了一系列作品，取得了不菲的成就，也被社会接受和认可。当她积极投身于社会活动后，她的经历和精神又鼓舞了许多与她经历相似的人。

有人曾尝试用抵抗的态度去阻止情绪的发生，回避对自我不接纳的痛苦感受，结果却只是徒劳，并激发了更加恶劣的情绪。当我们对自己有了负面想法，且经常感觉自己很糟的时候，往往会把情绪锁定在胃部一带，有一种沉甸甸的、略带恶心的感觉。面对这样的情绪，我们该怎么办呢?

其实，最好的办法就是彻底接纳自己，不要去给感觉和情绪贴标签或评断，不要用外在的眼光衡量自己的价值。无论你的表现怎么样，他人是否认同你，你都是独一无二的自己。你的思考、感觉和行为都处于变化中，不能用世俗的眼光来评判自己。

当自己犯了某些错误时，责备或看不起自己，实际上是自我贬低。不要总想着“我本来可以做得更好，可是……”，要告诉自己说“我不过是一个普通人，和许许多多的人一样，都会犯错误，有错误不要紧，我可以改进。”“我做得不太好，但我不是愚蠢无能的人，也不是顽固不化。我如果沉浸在这个错误中，认为自己失去了价值，会更痛苦，更容易犯错。”

自我接纳的基础是爱自己本来的样子，倘若无法做到无条件接纳自己，就会让我们抗拒自己的全部或是一部分，否定自己和自我情感鞭挞，甚至会自我憎恶，不知不觉把自己淹没在负面情绪的海洋中。

《遇见未知的自己》中有一句话：“亲爱的，外面没有别人，只有自己。”平衡情绪的重点在于，认清所有重要的事情都源自内在，而不是外物。我们都要学会接纳自己，接纳生命是有很多挫折的，接纳人生会有艰难险阻，接纳我们都会犯错。学会了接纳，就开启了情绪平衡的大门，就能从负面情绪中挖掘出隐藏的力量。

经历就像是影子，和影子打架是永远不会赢的，只会让自己精疲力竭。只有承认它是你的，而不是强烈地想要逃离过去的情绪，才能让自己坦然面对所有。

控制冲动的“情绪化”行为

说起情绪化，几乎所有人都深有体会，它是指一个人的心理状态容易因为一些微不足道的原因发生较大的、较明显的情绪波动，喜怒哀乐经常在不经意间转换，前一秒可能还是高兴的，后一秒就变得闷闷不乐、焦躁不安。

通常来说，情绪化的行为具有以下几个方面的特征。

▶特征1：行为的无理智性。人的行为应当是有目的、有计划、有意识的外部活动，具有理智性，这是人与动物最主要的区别。然而，情绪化的行为往往缺乏这一点，完全就是跟着感觉走，行为显得不够成熟。

▶特征2：行为的冲动性。情绪化的行为反映出了意志控制力的薄弱，很容易冲动。遇到不顺心的事，就会像气球一样吹鼓爆破。带有情绪化的冲动行为，看似力量很强，但无法持续很长时间，只要紧张性一释放，冲动性行为就结束了。

▶特征3：行为的情景性。情绪化的行为，通常都是为生活环境中与自己切身利益相关的刺激所左右，满足自己的刺激一出现，就感到开心；一旦满足不了，就会感到愤怒。如果他人刻意制造一个情景，那么情绪化的人就会按照他人预计的方式行动，从而上当受骗。

▶特征4：行为的多变性。人的行为都有一定的倾向性，这种倾向性一旦形成就会非常稳定。可是，情绪化的行为却不是这样，喜怒哀乐变化无常，给人一种捉摸不定的感觉。

▶特征5：行为的攻击性。情绪化的人通常抗挫能力很弱，很容易把受到挫折时产生的愤怒情绪表现出来，攻击他人。这种攻击不一定是身体上的，还有可能是言语或表情上的，如不明不白地讽刺别人，给人脸色看或让人下不了台等。

很明显，情绪化不是什么积极的行为，没有人愿意如此。可问题是，很多人都有类似的感受：一旦情绪上来，就什么都顾不得了，口无遮拦，甚至做出反常的举动。为什么人会出现情绪化呢？具体来说，主要有以下几个方面的因素。

1.主观推断

当他人说了某句话，做了某件事，你的自动评估体系就发挥作用，认为对方是针对你的，是在责备你，因而感到愤怒。

2.记忆刺激

回忆过往的经历，受到刺激，引发了情绪化。

3.情绪经历

在某种情形之下，触动了曾经的情绪。

4.想象

通过某一联想，导致情绪突然高涨或低落。

5.承袭

无意中效仿他人，逐渐成为自己的习惯，最典型的例子就是孩子效仿父母。

6.特殊事件

出乎意料的情形发生，导致情绪大起大落。

7.情绪传染

受到媒体、情绪感染，对他人的经历感同身受，引发情绪化。

无论是何种原因引起的，情绪化的行为都会妨碍人与人之间的融洽相处，也会为个人心理发展产生阻碍。因此，我们必须借助积极的方式，去控制和减少情绪化行为的发生。

首先，要认识自己情绪世界里的弱点和短处。在承认的基础上，分析自己为什么容易激动、愤怒，在什么情况下容易产生这样的情绪，而后，再去找方法克服它。

其次，控制自己的欲望。情绪化的行为大都跟欲望有关，倘若功利私心不能满足，行为就会变得简单、浅显，产生剧烈的反应。面对这样的情况，就要降低过高的期望，摆正得到与付出的关系。

再次，正确认识矛盾。看待事物不能走极端、片面化，要客观全面地观察问题，多看积极面，多看主流，让自己发现过去发现不了的意义和价值，让自己变得乐观向上、充满希望。

最后，积极面对逆境。人在遭遇困难时最容易出现不良情绪，当这些情绪长期得不到合适释放时，就容易产生负面的情绪和行为。为此，要学会接受现实，认识环境的不如意是难免的，不要折磨自己，多找一些有趣的事情做，多参与社会活动，从而找寻到精神安慰。

消极的情绪，源自错误的观念

如何衡量一个人的情绪呢？心理学上提出了这样一个公式：

情绪指数=期望实现值/内心期望值

这个公式告诉我们，在期望实现值确定的情况下，内心的期望值越高，情绪指数就越低，个人体验到的消极情绪也比较多；反过来，情绪指数越高，个人体验的积极情绪就越多。期望值越大，心理上的情绪冲突越大，成功带来的满足感越小，失败带来的挫折感越强。

心理学家把人在面对挫折时的反应的敏感点称为“心理情结”，并发现所有情绪上的痛苦都是有迹可循的，人们在情绪上发生各种不良的反应，都是由一些错误的观念引起的。

观念1：我必须有超强的能力，才能被人喜欢，才能获取成功。所以，我要努力去做，赢得大家的好感。如果我做得不好，无法博得周围人的好感，那我就没有价值了。

观念2：他人必须用公平和谅解的态度对待我，倘若有人不这样对我，他们就是可恶的人，罪无可赦。

观念3：我喜欢快乐，讨厌痛苦，所以，这个世界必须尽快给予我快乐，不能延迟，也不能附加任何条件。

这些错误的观念，完全是在用主观期待代替客观现实，比如观念3中提到的，喜欢快乐、讨厌痛苦，希望天天开心，这是一种美好的心愿，但现实中不可能只有快乐一种情绪体验，也不能刻意追求快乐而回避矛盾、痛苦，怨天尤人。

所以说，我们的感受并非源自外界，而是源自自己的认识。换而言之，我们的思想和行为是一致的，外界的事物会对情绪产生一定的影响，但绝非情绪的成因，那些不美好的体验，完全是出于我们对降临到自己身上的事情所做的假设或评估。

这就提醒我们，当某种消极情绪产生时，不要只简单地说一句“我心情不好”，要洞悉情绪背后的问题实质，认清是哪一种思想观念在作祟。

有一个女孩总是见到男朋友就闹脾气，心理咨询师与之沟通后发现，她所说的“我一见到男朋友就生气”，实则是在传递这样的事实——“我太生气了，我男朋友总是当着我的面跟其他女生说笑。我为什么会生气呢？因为我的前男友就因为性格过于开朗，招惹来了第三者。所以，我一看到现在的男友跟女生说笑，心里就有不安全感。”

从这里我们不难看出，女孩生气的原因跟自己曾经被抛弃的经历有关，对男性与女性之间说笑的事情存在偏见。只有帮她认识到产生情绪的真正源头，才能进一步解决问题，化解不良情绪。

当一个人沉浸在消极的情绪里难以自拔时，往往是他无法清晰地洞察问题，总在追寻错误问题的答案，而让自己痛苦不已。在这个时候，问自己“如何才能不紧张、不害怕、不伤心”是没有任何意义的，即便能够找寻到一些化解紧张、恐惧、悲伤的技巧，但这依然不是问题的实质，也无法提示自己要采取什么样的行动。

那要怎么做，才能从根源上消除负性情绪呢？我们打个比方，你要拜访一个重要的客户，说服对方与公司达成合作。任务很艰巨，你很紧张，而紧张的原因可能是缺乏自信，怕被拒绝，此时你要问自己的是：“我该怎么样说服对方？”“我要用什么样的策略才能让自己说得更清楚、更有力度？”当你把这些真正的问题解决了的时候，自然也就克服了紧张的情绪。

学会认识自己的情绪周期表

前面我们提到过，人的情绪有很多种，大体来说就是愉快和不愉快两种体验。无论是哪一种情绪，在我们的生活中都扮演着极其重要的角色。只不过，面对纷纭复杂的情绪，多数人有点摸不着头脑，总觉得它们变幻莫测，不知道该怎么掌控。

事实上，人的情绪也是有周期的。所谓的“情绪周期”，是指一个人的情绪高潮和低潮交替过程所经历的时间，它反映了人体内部的周期性张弛规律，也称为“情绪生物节律”。

那么，如何才能发现自己的“情绪周期”呢?

科学研究证明，人的情绪周期是与生俱来的，也就是天生的。换句话说，从我们出生的那天开始，就已经存在情绪周期了。当然，这一点我们往往感觉不出来。一般来说，情绪周期大约为28天，周而复始。情绪无非两种：愉快和不愉快。无论哪一种，都应当把握好“度”，以及它的周期。否则，愉快过了头，也是会乐极生悲的；而不愉快带来的麻烦和痛苦就更多了，如影响身体健康、人际关系、理性思维等。所以，当坏情绪周期来临时，就必须用高情商来控制，避免它给自己的生活造成影响。

那么，如何才能很好地控制情绪周期呢?

其一，学会辩证法，一分为二地看待问题，在任何情况下，都不要把事情看“死”。

其二，陶冶情操，修身养性，培养广泛的兴趣爱好，滋养身心。

其三，遇事量力而行，不逞强；不为难自己，不苛责他人。

其四，合理宣泄痛苦，广泛交友，消除孤独。

其五，多参加户外活动，运动与情绪锻炼相辅相成。

情绪周期就是一个晴雨表，心晴时让自己欢快地做多点事情，此时的心理承受能力强，做事效率高；阴郁时尽量放轻松，做点简单的事情，不给自己太大压力。总之，掌握情绪的本性和规律，就可以更好地控制它，让自己安全地度过情绪危险期，恰当地处理任何事物。

Chapter 3

为什么你总是忍不住发火

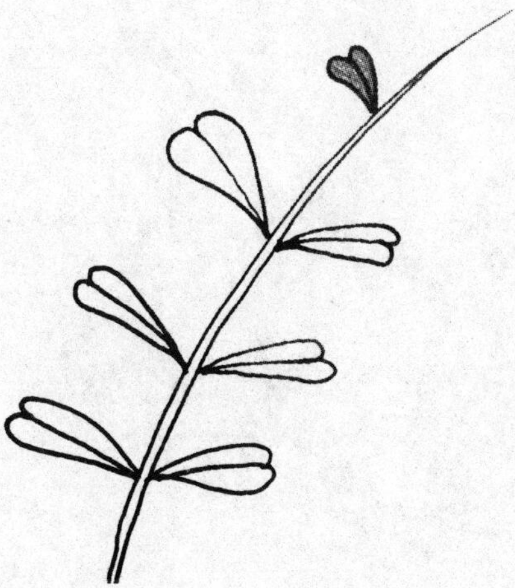

愤怒是一只伤人伤己的恶魔

1945年，第二次世界大战期间，巴顿将军到战后医院看望伤员。他发现一名士兵蹲在一个箱子上，身上没有任何受伤的痕迹，就问他为什么住院。士兵回答说：“我受不了了。”医生赶忙过来向巴顿将军解释：“他患的是急躁型中度精神病，这是他第三次住院了。”

巴顿将军听后，顿时大怒，把多日来积累的火气全都发泄在这个士兵身上，他狠狠地骂了那个士兵一顿，甚至用手打他的脸，大吼道：“我绝对不允许这样的胆小鬼藏在这里，你的行为是军人的耻辱，已经损害了我们的荣誉。”说完，巴顿将军愤然离去。

第二次来探访的时候，巴顿将军又发现一个没有受伤的士兵住在医院，这一次他又火冒三丈。只见他阴沉着脸问那个士兵：“你得的什么病？”士兵已经被巴顿将军的样子吓坏了，哆嗦着回答：“我有精神病，能听到炮弹飞过，但听不到炮弹的爆炸声。”巴顿将军怒吼着说：“你真是胆小鬼，是我们集团军的耻辱，你必须马上回去参加战斗，你真应该被枪毙！”

可怜的士兵终究没有逃过巴顿的耳光，而巴顿的行为也很快传到了艾森豪威尔将军的耳朵里。艾森豪威尔感叹道：“看来，巴顿已经达到巅峰了……”

这是一句意味深长的话。巴顿将军是一个出色的军事将领，战功显赫，但他的狂暴性格葬送了他的前程。面对有心理疾病的士兵，他没有耐心地了解情况，就对手下大打出手，几乎丧失了理智。作为一个指挥官，他认为只有肉体的伤痛才是疾病，对士兵的心理感受毫无同理心。他有大将的威严，但没有领袖的慈祥，而他愤怒的样子也让人对他敬而远之，这是他丧失晋升机会的重要原因。

每个人都不可避免地会出现愤怒的情绪。愤怒产生的原因，主要是对客观现实的不满意，或是个人意愿屡屡受阻。人在婴儿时期就已经有了愤怒的感情，比如当身体活动受到限制，或是想法不被理解时，都可能激活愤怒情绪，大哭大闹。在社会生活中，当人遭受了侮辱、欺骗、挫折，或是被迫做自己不喜欢的事情时，也会产生愤怒。

愤怒是一种可怕的情绪，当我们控制不住它的时候，它就会变成恶魔，伤人伤己。

当人处于愤怒的情绪中，交感神经异常兴奋，心跳加速、血压上升、呼吸急促，经常愤怒的人容易患冠心病、高血压等；在人际交往方面，易怒的人往往会让人觉得不可理喻，容易伤害自己的朋友、爱人，赔上自己的声誉。

同时，当愤怒的情绪肆意泛滥时，我们还可能做出难以估计的行为，对他人造成伤害。德国犯罪学家弗里德里克曾经说过：“假如愤怒的刺激充足，几乎可以使每个人都犯下杀人罪，那些从来不犯这种罪的人，并非自制力过人，实在是没有遇见过相当境遇。”

老子有云：“世人秉性不相同，万事万物有前行有后随，有缓慢有急躁。有的坚强，有的虚弱，有的安稳，有的危险。圣人只是除去那种极端的、奢侈的、过分的东西。因此，圣人是顺应自然而不妄为的。”

生在芸芸众生中，我们不必苛求自己成为圣人，但至少要努力修炼成一个理智看待和处理问题的人，遇到问题的时候懂得沉着冷静地去面对，而不是让灵魂被情感操纵，扰乱了分析判断的能力，成为愤怒的奴隶。

不会愤怒是悲哀，只会愤怒是愚蠢

愤怒的情绪饱受诟病，因为当人被愤怒的情绪冲昏头脑或泄愤不当时，必然会对自己和他人造成伤害。那是不是说，我们不应该有愤怒的情绪？抑或说，当愤怒的恶魔出现时，就要强制性地把它按压下去呢？

显然，这种做法是违背人性的。愤怒的情绪虽然让人不悦，可比起恐惧、绝望、压抑来说，却是情绪的盛宴。人生不可能没有坏事发生，除非我们完全与外界脱离，心静如水，不然的话，一旦有风吹草动，负面情绪就会爆发。面对这些问题时，愤怒无疑也是一种释放。

卡耐基·梅隆大学曾经做过一个试验，邀请92名志愿者从6233按照13递减来倒数，比如数到6220，而后是6207，再然后是6194，且要求速度不断加快，一旦数错就要重来。为了增加试验的不愉快感，研究者们特意用相机记录他们的一举一动，观察志愿者在进行实验的过程中的面部表情，看看哪些人表现出尴尬，哪些人感到紧张害怕。试验过后，研究者们又提取志愿者们的唾液，记录他们的心率和血压。

结果显示：那些愤怒的志愿者，比起那些紧张害怕的志愿者，血压值和唾液的压力激素偏低。这就说明，愤怒虽然对身体健康无益，但没有恐惧带来的伤害大。在遭受外界刺激时，比起绝望和恐惧，愤怒可以是一种良好的替代品。

愤怒有时可以帮助我们保护自己的底线，比如遇见一件不公平的事、不合理的安排，明明很在意，却假装潇洒说没事，时间久了就会模糊个人原则，被人恶意侵犯。倘若能合理表达出不满，就能帮助我们远离这样的问题，让人知道自己的底线是什么。

同时，愤怒可以帮助我们建立自尊。表达愤怒对每个人来说，都是一种合理的需求，在表达的过程中疏通负面情绪，可以减轻心理压力。特别是在自我价值和尊严受到侵犯时，恰当地传递出自己的愤怒，也能赢得他人的尊重。

任何事物都有两面性，愤怒会毁掉事物，但也支持正确的事物。一个点火就着、时刻保持愤怒的人是愚蠢的，一个任何时候都不会愤怒的人是悲哀的，唯有知道自己的愤怒为何物，且合理作用于自身的人，才是理智的。事实上，也只有这样的愤怒，才有价值和意义。

开启愤怒的正确表达方式

细想起来，生活中确实有很多事情容易激起我们的愤怒，一旦这种情绪冲上头顶，第一反应就是想发脾气。其实，愤怒的情绪本身并没有错，错的是产生这种情绪后采取的行为，很多人恰恰是在这个环节出了问题，不会正确表达自己的不满和情绪，才让愤怒变成了恶魔。

那么，当愤怒的情绪一拥而上时，该如何发泄呢？

正确科学的方法是，适度地生气。生气分为两种：一种是爱生小气，虽然不会暴跳如雷，但时间久了，气愈积愈多，导致愤怒，这种情况被称为“积累式的愤怒”；另一种是突然受到了外界的强烈刺激，顿时怒气上升，这种愤怒多被称为“爆发式的愤怒”。

对于积累已久的怒气，我们应当婉转地释放。何谓婉转呢？就是在发泄情绪的时候，不是通过破口大骂、大打出手的方式，而是用开玩笑、比喻、置换等方式去释放，只要不伤人伤己就可以了，让怒火在笑声中消失。

对于爆炸式的发怒，我们能做的就是防患于未然。平时多锻炼自己的理性思维，让自己头脑清醒地去面对突发事件，一旦发现不好的苗头，就要学会周全地考虑后果，想到最坏的结果，让自己有一个心理准备；倘若真的遇到预想中的情况，也不至于怒火冲天。

在此，我们还要提一些表达愤怒的具体技巧，如当某些事情触及自己的底线或利益，需要与人进行沟通、传递自己的心声和不悦的感受时，不可强硬地与之辩驳，一来没什么效用，二来有损人际关系。遇见这种情况，表达愤怒就得讲究点儿方式方法。

▶方法1：注意说话的语气。

如果是因为对方的过错惹怒了你，你采取了过激的方式，那么反倒会让有理变没理，陷入被动的局面。话要心平气和地说，才会有人愿意听，别因为自己站在有利于舆论的位置就抬高腔调、大声斥责，这样会显得自己缺乏修养，也会进一步激怒对方，把沟通变成争吵。

▶方法2：先说点暖心的话。

无论是朋友还是爱人，相处时闹了矛盾不意味着关系就此破裂。只不过，在表达自己的情绪之前，最好先说一句暖心的话，拉近彼此的距离，这样会更容易让对方放下防御，促使对方换位思考。比如，先肯定对方的优点，再提出对方的某些做法自己难以接受，触碰了自己的痛处，这样的话既关照了对方的感受，也平复了自己的情绪。

▶方法3：只谈感受，不作评价。

很多人在沟通的时候，一开始还能心平气和，说着说着就激动起来，一旦有一方甩出了对另一个人的负面评价，两人就会陷入争吵中。我们应该理智，自己愤怒的是这个人在某件事情上的做法和态度，而不是他整个人，在表达愤怒的时候不能忽略问题本身，而把矛头指向对方，如类似“你就是一个自私的人”“你太虚荣了”这样的负面评价千万不要说。要知道，真正伤害感情的不是愤怒，是你的彻底否定和打击。你可以表达自己的感受，如对方做的事让自己很伤心、很委屈，当对方感受到了你的情绪和痛苦时，他才可能真正意识到自己的行为伤害了你。

▶方法4：就事论事，不提过往。

很多人在讨论问题时，把陈芝麻烂谷子的事全都抖搂出来，结果让局面变得更加混乱，难以收场。记住，讨论问题要就事论事，眼下让你不满意和愤怒的事情是什么，就讨论什么，不要把过去的问题拉进来，这样的话，就等于把过去的愤怒又重新体验了一回。

▶方法5：提出需求和建议。

表达愤怒的目的，不是为了争辩对错，也不是为了让对方道歉，而是要起到防患于未然的作用，所以一定要提出自己的需求，让对方知道下次遇到同类的事件，你希望对方怎么做，才不会引发矛盾。从这一点上说，愤怒也是一种试探，在了解彼此的过程中进行情绪交换。

总之，不要刻意压制愤怒，也不要成为“易爆品”，敢于表达自己的真实感受与需求，合理地表达愤怒的情绪，这才是真正地坦然面对自己和他人。

过滤那些无关紧要的小事

河里生活着一种特殊的鱼，骨刺很少，肉质鲜美，是水鸟最爱的美食。不过，这种鱼很狡猾，为了避免成为水鸟的盘中餐，它们通常只在深水处活动。

一天，一条鱼和同伴玩耍的时候，不小心撞到了桥墩上。顿时，这条鱼就觉得头晕目眩，昏了过去。等它醒过来的时候，发现同伴们正在一旁笑自己。它恼怒了，绕着桥墩不停地打转，怨恨水流太急、桥墩太密。不到两分钟，它的肚皮就被气得圆鼓鼓的，身子也不知不觉漂到了水面上。然而，它依然没有察觉自己已经身陷险境，还在桥墩周围徘徊咒骂。这时，恰好一只飞过的水鸟看到，一把将它抓住，享受了一顿美味。

生气是正常的情绪反应，任何人都不可能让这种情绪彻底消失。然而，有修养的人会给自己的不良情绪一个合理的理由，绝不会没理由地生闲气，或是为了不值得的事让自己大动肝火。纠缠于微不足道的小事，结果往往是很可悲的，就像故事里的鱼儿一样。因为，生闲气没有任何意义，只是浪费生命；不懂得制止失控的情绪，小事则会带来一系列的连锁反应，让人困在情绪的旋涡里无法自拔。

英国作家拉迪亚德·基普林曾经因为情绪的干扰，造成了美国佛蒙特州历史上最有名的家族不和案。后来，有人将这个耸人听闻的案子写成了书，名字就叫《佛蒙特州基普林的家庭之争》。

基普林和佛蒙特州的一个名叫卡罗琳·巴勒斯蒂的美丽姑娘结婚了，并在布拉特种降罗市建造了一幢漂亮的房子，准备婚后就搬到那里去住，度过自己的垂暮之年。

基普林有一个相交甚好的朋友，名叫卡罗林·巴勒斯蒂，他们经常在一起闲聊小聚。后来，基普林买下了巴勒斯蒂的一块地皮，并约定巴勒斯蒂有权收割这块地上的青草。

有一天，巴勒斯蒂突然发现，基普林正在把这块草地改建成花园。对此，巴勒斯蒂很生气，简直暴跳如雷，当场对基普林出言不逊。基普林也不甘示弱，回骂了巴勒斯蒂。至此，这块草地酿成了两个朋友之间的仇恨。

几天之后，基普林在路上偶遇巴勒斯蒂。当时，基普林骑着自行车，而巴勒斯蒂正坐在一辆双套马车上。巴勒斯蒂要求基普林给自己的马车让路，基普林气坏了，根本控制不住自己的情绪，发誓要将巴勒斯蒂告上法庭。就这样，著名的大作家引发了一场耸人听闻的官司，各地的新闻记者纷纷而至。很快，这件事就传遍了世界。

官司的最终结果：基普林和他的妻子永远离开美国的那幢住宅。

整件事实在令人啼笑皆非。两个要好的朋友，反目成仇上了法庭，竟然只是因为园子里的那些青草。多么微不足道的一件事，却让人丧失理智，任由怨恨和愤怒侵蚀友情。试问：友情难道不比青草可贵吗？看到这样的结局，就不后悔吗？当然，后悔也无用了，破碎的东西难再复原。

百岁老人陈椿说："一件事，如果想通了就是天堂，想不通就是地狱。既然活着，就一定要活好。"有些事会不会引来麻烦和烦恼，全在于如何看待和处理。若非要揪着小事不放，那么小事也会成为大麻烦；若是学会不在意，那就能大事化小、小事化了。

所谓不在意，不是做一个冷若冰霜、消极遁世的人，而是不处处纠缠小事，活出一份洒脱。不必把什么都太当回事，不要有那么多敏感猜疑，给自己制造假想的敌人；更不要像林黛玉那样见花落泪、听曲伤心、顾影自怜。把精力用到那些真正需要你去在意的事情上，就不会再去为小事叹息悲伤了。平和宁静的心态，不仅能让自己免于怒气的伤害，也能让他人感受到如沐春风般的自在。

法国前总理皮埃尔·莫鲁瓦告诫世人："我们常常为一些不令人注意、因而也当迅速忘掉的微不足道的小事所干扰而失去理智。我们生活在这个世界上只有几十个年头，然而我们却为纠缠无聊琐事而白白浪费了宝贵的时光。试问，时过境迁，有谁还会对这些琐事感兴趣呢？不，我们不能这样生活，我们应当把自己的生命贡献给有价值的事业和崇高的感情。"

我们要学会拥有旷达的人生，能够接受八面来风，不会因为几句逆耳的话就耿耿于怀，为一点小事就斤斤计较。面对生活中的琐事，用平和的态度来摆事实、讲道理，远比动怒大喊更能让对方心悦诚服。宽恕和谅解，有时比伤害、侮辱更能震撼人心。

想发怒的那一刻，冷静五秒钟

请你如实回答一个问题：当你感到心情不爽的时候，你会做何反应？这里有三个选项：

A. 情绪立刻爆发，让人知道你不高兴。

B. 阴沉着脸，先不着急发火，等忍无可忍时再算账。

C. 迅速调整好情绪，让不愉快一闪而过，恢复好心情。

情绪暴躁的人，基本上都会选则A，即便没有选A，在多数情况下的行为表现也是A。他们习惯了这种处理情绪的方式，从不让愤怒积压在心里，一有机会就释放出来。同时，他们产生负面情绪的速度也很快，发怒的频率比其他性格的人更高，一点芝麻大的小事儿，都能引爆他们的坏脾气。

前面我们提到过，愤怒本身不可怕，怕的是采取错误的行为，事实上，毫无节制地发脾气，宣泄坏情绪，根本无法缓解累积的精神压力，反倒会造成更严重的损害。处理一件事情可以有多种方法和形式，破口大骂是一种宣泄，努力保持平静或转移注意力也能平复情绪。愤怒不是唯一的情绪表达方式，它只是最激烈的、效用最低下的。

从生理角度上讲，情绪是不受意识控制的本能反应，人类天生就不容易用理智控制情绪。当信息通过感官传入大脑时，会分为两个路径来输送到不同的脑部区域。这两个路径长短不同，短的那条通向结构简单的“情绪脑”，长的那条通向精密复杂的“理智脑”。由于神经传输路径短，情绪脑永远都比理智脑先一步得到信息，更快地做出判断。

当我们得到某条信息时，内心一瞬间就产生了愤怒的情绪。虽然仔细琢磨一番后，觉得没必要生气，可在最初的那一瞬间，情绪脑还是会根据思维习惯给出“应该生气”的判断。所以，人总是会本能地产生不良情绪，区别就在于失控或不失控。

要改掉乱发脾气的坏习惯，不在于提高理智脑的决策速度，而在于耐心等候理智脑的最后决断。换句话说，如果你容易动怒，那不妨尝试着放慢一下自己的性情，尽可能地推迟决定，让被热血冲昏的头脑冷却下来，发现之前忽略的问题。

这就意味着，要避免愤怒的情绪带来麻烦，就要做好两件事：第一，不要在愤怒的时候作出重大的决定，避免让情绪脑的不靠谱判断控制了自己；第二，沉下心来用理智脑思考自己的决定是否有利。

由此延伸，想要控制住火冒三丈的毛病，最好的办法就是遇到任何让人生气的情况时，延迟五秒钟再说话或行动。具体的做法如下。

▶ step1：放空大脑，心里默默从1数到5，可以闭着眼，也可以看表数。这样做的目的，是让理智脑接收到需要判断的情况，避免情绪脑胡乱发飙。强制延迟5秒钟，往往就能初步摆脱情绪脑的裹挟。

▶ step2：5秒钟过后，重新梳理问题，对事实进行理智的判断。在此阶段，你的脑海里会出现不同的解决方案，将这些方案按照效用逐一排序，反复衡量对比，择优选用。

▶ step3：当第一个延迟5秒钟未能让情绪平复时，可继续延迟5秒钟。记录每一次延迟法控制情绪的过程，认真总结，巩固练习。

冷静理性的思维不是一天炼成的，但若能从延迟5秒钟再发脾气开始练习，慢慢延迟时间，循序渐进，就可以逐渐养成良好的情绪控制力。

把愤怒的火种扼杀在摇篮里

很多女性非常注重自己的形象，舍得在脸上花费重金，可即便挥金如土下了血本，脸上依然布满皱纹和斑点。其实，这就是忽略了内心的“火种”。这种怒气通常都源自一些细微的小事，比如看不惯某些人、某些事，对其发表情绪化的评论，多半都是负面的评价。时间久了，“火种”就在心里形成，并日渐聚集成怒气，吞噬自己的身体。

现实中，我们经常都能瞥见怒火的影子。比如，穿着新衣服出门，却被朋友奚落不好看；春节回家过年，却遭遇父母的逼婚；辛苦做出的方案被老板直接否定，批得狗血淋头……面对这些情形，内心就很容易被怒火占据，四处寻找发泄点。

动怒发火这件事，尽管事后有补救的办法，但永远是防患于未然的好。愤怒的火焰对身体和心灵都是一种严重的内耗，在不知不觉中打破身心的平衡，若不及时处理，人也会慢慢陷入情绪的沼泽。

然而，生活不可能尽如人意，我们该如何对待不可避免的情绪攻击呢？这里有一些处理愤怒的方法，对于浇熄“火种”有一定的效用。

▶方法1：明确告诉自己，我很生气。

愤怒来袭的时候，我们往往无法弄清楚事情的经过，此时不妨告诉自己：“这件事让我很生气，很不舒服，我现在该怎么办？”如果你的愤怒有明确的关联对象，那不妨告诉对方，为自己赢得处理愤怒情绪的时间。

▶方法2：克制住愤怒，冷静下来。

克制愤怒很重要，但这不等于积压愤怒，而是像我们前面讲过的，在感到愤怒的那一刻先冷静下来，不要马上说一些伤人的话，或是做出不计后果的事情。

▶方法3：设定一个处理愤怒的时限。

长期陷入愤怒的情绪中，纠结于同一件事情，无异于自我折磨。给自己设定一个处理愤怒的时限，三天也好，一周也罢，尽量让自己在这段时间消融负面情绪，而不是反反复复地咀嚼，这样会让心中的委屈成为怒火的燃料，接下来再碰到一点小事，怒火会烧得更旺。

冲动是最无力、最糟糕的选择

某年临近高考期间，一个平日里温馨、团结的班集体里，同学们都在认真备考，谁也没有想到会发生可怕的流血事件。

事情的起因很简单，一位同学从权某（化名）的身边走过时，不小心碰了他一下，权某不高兴地说："走路看着点。"那位同学不以为意地说："怕碰就别在这里坐着。"权某心中的怒气一下子就上来了，对着那个同学的脸就是一拳。没想到，就是这一拳，竟然把那位同学的眼睛打瞎了。当时，权某已经年满18周岁，要接受严峻的刑事处罚。

事后，权某很后悔，可事情已经发生了，无法挽回。他本是学校里公认的高才生，可惜做事太冲动，情绪来了就丧失了理智。他的本意并不是想伤害同学，更不想毁掉自己的前程，但他没能控制住情绪，亲手把自己送进了牢狱。

现实中这样的事情屡见不鲜，真可谓是一时冲动千古恨。当一个人冲动的时候，他所有的注意力都集中在导致他冲动的这件事情，对后果之类的问题根本无暇顾及。比如，因为他人一句挑衅的话大打出手，结果要承担法律责任和经济赔偿；因为上司一句略重的批评，一怒之下就辞职，甩给对方一句"我不干了"，此后很久都陷入无业状态中，生活捉襟见肘。

做出冲动的行为，当时可能是出了一口气，但最终吃亏的依然是自己。

心理学家认为，人在受到伤害时，愤怒是很正常的反应，而多数人首先都会想到去攻击伤害自己的人。可还是那句话，先延迟几秒钟再采取行动，问问自己："这样做有用吗？能达到目的吗？"

事实上，人在冲动的时候，大脑处于短路的状态，在这种状态之下，人很难对棘手问题做出及时、正确的反应。比如，有些人在自杀身亡后，身边的人都说他平时很平静，很容易沟通，没听说跟谁有过积怨；还有一些人动刀伤人犯罪后，说自己从来没想过要伤人，与被伤的人之间不过是由于小事引发的冲突。这样的情况，都是因为冲动所致。

冲动是魔鬼，冲动是最让人无力的情况。为了避免因冲动酿成无法挽回的恶果，倒不如将其扼杀在摇篮里，采取一些积极的措施来控制冲动的情绪。

▶方法1：遇到刺激时，先提醒自己保持冷静。

遇到较强的情绪刺激时，不要马上采取行动，强迫自己冷静下来，快速地分析一下事情的前因后果，尽量不让自己陷入冲动鲁莽的被动局面中。比如，当有人讥讽嘲笑你时，马上反唇相讥，很可能引发争执，怒火也会越来越旺；倘若此时能提醒自己冷静下来，用沉默作为武器以示抗议，或只用寥寥数语正面表达自己受到伤害，指责对方无聊，对方反倒会觉得尴尬，自行收敛。

▶方法2：采用暗示或转移注意的方式。

诚然，遇到触动自己尊严或利益的事情，人都很难一下子冷静下来，这就需要在情绪激动、即将失控之前，采取一点策略来自我放松、克制冲动。比如，在心里默默告诉自己“我不能做冲动的牺牲品”“待会儿再来处理这件事，没什么大不了”，或者是去做一些其他的事情，抑或找个安静的地方，都能有效地冷却情绪。

恰如我们前面所说，人的情绪往往只需要几秒钟、几分钟就能平息下来，关键是学会及时转移和控制，越是想着发怒的事，越觉得自己发怒是应该的。这是有生理学依据的，即人在遇到不满、愤怒、伤心的事情时，会把不愉快的信息传入大脑，逐渐形成神经系统的暂时性联系，形成一个优势中心，而且越想越巩固。

▶方法3：思考有没有更好的解决办法。

遇到矛盾时冲突时，不能为了息事宁人而一味地逃避，要学会合理地处理矛盾。首先，明确冲突的主要原因是什么，双方的分歧点在哪儿，解决问题的方式有哪些，哪些解决方式是冲突一方难以接受的，哪些方式是双方都能接受的，找出最佳的解决办法，并采取行动。

▶方法4：通过针对性的训练培养自己的耐性。

结合自己的兴趣爱好，选择几项需要静心、耐心的事情去做，如看书、练字、绘画、做手工艺品等，既能陶冶情操，也能丰富业余生活。

总而言之，为了更美好的生活、更出色的事业、更完整的自我，我们都要学会管理和调控自己的情绪，这是心智成熟与人生成功的奠基石。

制伏愤怒，先找到愤怒的来源

性情暴躁的人，通常都有一些共同的特性，比如情绪不稳定，容易激动，别人跟自己稍微有些话不投机，就会怒不可遏；同时，暴躁的人很敏感，他人无意识的动作、轻微的失误，都会被视为对他们极大的冒犯；他们自尊心过强，害怕被否定，害怕失去，就习惯以愤怒作为保护自己的方式；还有一些人，从小接受的教育模式就是打骂，所以，他们也学会了把发火作为表达情绪的唯一方式，甚至觉得愤怒是表达的正确方式。

想要制伏愤怒，本质的问题在于清理这些愤怒的来源，要做到这一点，我们需要认识一些方法，重新构建自己对愤怒的认知。

▶ step1：明白自己想要通过愤怒达到何种目的。

愤怒是一种外在情绪，但很多时候并不是问题的根源，我们必须看清楚愤怒背后的欲望是什么。如果你想跟对方建立亲密的关系，对方却让你失望，你直接以愤怒和疏离处理，那就永远失去了和对方亲近的机会。不如换一种方式，说出自己真实的感受：“我很在意我们的感情，但有些事情影响到了我们，这让我很失望。我想和你一起谈谈，如何解决这个问题。”

这其实就是把愤怒的根源找了出来，用原生情绪（想和对方亲密）代替了次生情绪（因需求得不到满足而愤怒），唯有用这样的方式来处理，才能更好地促进感情，并让对方感受到自己的心情。

▶ step2：别把愤怒的情绪发泄到无辜的人身上。

有时候我们对一个人发火，是因为知道对这个人发火比较安全，但事后又会后悔，觉得自己不该如此。同时，无缘无故地把自己的不良情绪抛给无辜的人，接到包袱的人势必会想办法将其甩掉，再传给别人，如此一来，你的不良情绪就变了一个污染源。

迁怒于他人，不仅仅是情绪失控，更是没修养的象征。有愤怒的情绪没问题，但得选择无害于他人和自己的方式来宣泄，如哭泣一场、看爆笑电影、运动出汗等。

▶ step3：用其他方式来弥补自尊心。

有些人在自尊心受到伤害的时候，就习惯用愤怒来掩饰，这是一种自我防御机制。不过，这种方式不能真正地解决问题，为了面子而怄气，只会让自己陷入失落中，而在失落后又会感到愤怒。真正自信的人，是不会为了他人的一些言行就认为伤了自己的自尊，很多时候愤怒都是源于不自信和缺乏安全感。

▶ step4：找到获得爱和快乐的方法。

很多愤怒都是因为基本需要和欲望无法得到满足，继而感到深深的伤害或无助，渴望有更多的爱和快乐。其实，愤怒并不排斥爱、感恩等积极的情感，你可以深爱着一个人，为他的某些行为感到愤怒，但依旧爱着他。遇到这样的情况，就需要努力去找到获得爱和快乐的方法，这样才能化解愤怒。

▶ step5：真诚、负责地表达自己的情绪。

暴力只会带来更多的愤怒、伤害和报复，无论是口头的还是躯体的攻击，都无法浇熄怒火。你要告诉别人，到底是什么东西让你感受到愤怒和伤害，告诉对方你真正希望他们做的是什么，以不攻击的方式表达不满，与其怒气冲冲地指责对方说“你错了，你简直离谱”，倒不如说“我觉得受伤，你的所作所为没有考虑到我的需要”。

▶ step6：汲取教训，化愤怒为力量。

愤怒是一次学习的机会，通过了解自己愤怒的来源，把愤怒的能量转化为建设的动力。平时，多注意那些让自己烦闷的情境，不要让环境影响心情。

Chapter 4

静下来，带自己走出焦虑风暴

焦虑的杀伤力究竟有多大

你有没有过这样的心理体验：相恋不久的伴侣，不再第一时间回复你的消息，你就开始胡思乱想，情绪低落，什么都不想干；对于即将到来的升学考试和求职面试，你心里没有底，担心失败，每天坐立不安，心里怎么也踏实不下来；从来没出过远门的你，要去外地出差考察，心里不停地嘀咕，担心自己是否能顺利办成事情，甚至为此失眠……

其实，这些情绪状态都属于——焦虑。按照心理学家的说法，焦虑是指某种实际的类似担忧的反应，或者是对当前或估计到的对自我的自尊心、生存处境、未来发展有潜在威胁的任何情境所具有一种担忧的反应倾向。焦虑以恐惧为主要的情绪特点，还有其他多种情绪成分，如愤怒、痛苦以及内疚感、羞愧等。

短暂的焦虑没什么问题，属于一种适应性的情绪。比如，即将要进行一场重要的比赛，这种焦虑实际上是一种自我调整，只要完成了这场比赛，也就恢复了情绪的正常，且有了这一次的经验后，下一次比赛可能就不会焦虑了。但是，如果最终不敢参赛，焦虑就变成了一种症状，再遇到此事还会产生恐惧和敌意。

持续性的焦虑比较麻烦，很有可能内化为性格。当一个人长期陷入焦虑的情绪中，内心就会被恐惧、烦恼、不安等体验困扰，行为上出现退缩、消沉等，久而久之还会产生焦虑症。这就是弗洛伊德说的："如果一个人不能适当地应付焦虑，那么这种焦虑就会变成一种创伤，使这个人退回婴儿时期那种不能自立的状况。"

持续严重的焦虑，对人的伤害究竟有多大呢?

心理学上有一个著名的试验：把同窝生的两只小羊放在不同的条件下喂养，其中一只可以自由自在地生活，没有任何限制和威胁；另一只用绳子拴在树上，在长绳允许的范围内可以自由活动，但这只羊的附近放着一只铁笼子，里面关着一只凶恶的狼。终日与狼为邻的羊因为极度恐惧、焦虑，没过多久就死了；另外一只羊却很健康地活着。

这个试验充分证明了一点：焦虑情绪对健康有极大的危害，人在过度焦虑的状态下，会心绪不宁、血压升高、心跳加速，胸部有被堵塞的感觉，寝食难安。生活中就有这样的实例，值得我们警醒。

十几年前，北京发生了一起绑架案：6名犯罪嫌疑人绑架了事主黄某，向其家属索要30万元现金。接到报案后，警方当场抓获6名犯罪嫌疑人中的3名，其他3名犯罪嫌疑人趁乱逃脱，此后一名犯罪嫌疑人畏罪自杀，一名迫于警方的压迫投案自首，而另一名犯罪嫌疑人崔某一直没有被抓获归案。

事发很久后的一天，警方了解到，这起绑架案在逃的犯罪嫌疑人崔某正在一家医院治病。紧接着，崔某在医院被警方抓获。经审查，崔某交代，他在案发后找到情妇李某，两人逃到了通州区，在一个居民小区内租了房子，每天都不敢出门，依靠李某推销化妆品的收入维持生活。这种惶惶不可终日的生活，让崔某承受了巨大的心理压力，身体状况也越来越差，患上了高血压和尿毒症，不得不到医院就诊。

焦虑不但影响身心健康，还会降低人的思维能力。当一个人焦虑过度时，会比平时更容易患得患失、瞻前顾后。虽然焦虑的情绪不如愤怒来得猛烈急促，可它依然会影响我们的正常生活。为此，我们必须学会识别焦虑，用积极的情绪去覆盖掉焦虑。

那么焦急，其实是怕失控

每个人都渴望获得成功，享受那份站在塔尖上的成就感与自豪。世界上通往成功的路径很多，走法也不一样，但最终能够如愿以偿的终究是少数。回顾一下自身的经历：对于追求成功这件事，你是怎么做的？

是不择手段地寻找捷径，只想着越快越好；还是制定了一个长期的规划，一步一个脚印地执行，不求速度，只求稳固？或是一边积蓄力量，一边寻找机遇，积蓄力量稳扎稳打，在关键的时刻抓住机遇？

很显然，第一种属于急功近利型的；第二种属于优柔寡断型的；而第三种人属于有胆有谋的，更容易成功。说起前两种人，虽然外在的表现不太一样，一个急躁冒进，一个摇摆不定，但其实他们内在的症结是一样的，那就是——焦虑！

对于犹豫不决的焦虑，我们很容易理解，因为心里焦虑的东西太多，所以不敢下决心、作决定。那么，急躁冒进、急于求成的人，他们在焦虑什么呢？

会下象棋和围棋的朋友，大概都有过这样的经历：遇见了比自己强的对手，就会不由得紧张焦虑，恨不得赶紧找到击垮对方的破绽。这是因为，你有一种失控的恐惧感，感觉难以控制局面了，就心急着寻找突破口。相反，遇见了比自己弱的对手，心态就很轻松，会不由自主地放缓动作，因为觉得主动权在自己手里，即便不能立刻打败对方，至少不会输。

这也提醒我们，人在不够自信的时候就容易犯急于求成的毛病，而在高度自信时会表现得淡定自若。那些冒进的人，其实内心很害怕失败，虽然有时候他们个人的能力、客观现实的条件并没有想象中那么糟糕，但当焦虑情绪超过了精神自制力时，还是会出现情绪失控、理性降低，导致说话做事偏离正常的轨道。

很多时候，情绪上的反复无常，都是因为内心的焦虑不安。内心的焦虑，又是因为恐惧岁月的流逝，一切都来不及。所有的浮躁，都是失衡心在作怪，计较小事，好高骛远，贪多图快，不能得到满足，势必就滋生浮躁和不安。学会脚踏实地，平和沉稳，不以物喜，不以己悲，就不会让心境反复在得意、狂喜、傲慢、不安、沮丧和焦虑中起伏了。

德川家康曾经说过："人的一生就像背负着沉重的行李走路，急躁不得。"不管是对待生活、感情、事业，都需要坚守一颗稳稳的心，不为浮躁所左右。人生这段路，不要跟别人比速度，也不要去参考别人的地图，更不要让别人的喜悦感动成为情绪上的阴影和脚下的牵绊。

成功是一个水到渠成的结果，需要时间的积累，也需要耐心与恒心的打磨，最不需要的就是失控的焦躁情绪。《增广贤文》里有句话说得甚好："但行好事，莫问前程。"放下急于求成的心念，不去想能否成功、多久才能抵达彼岸，只顾做好自己该做的事情。待有一天，蓦然回首，说不定会发现，成功来得比自己预想的更早。

认识引发焦虑的五大因素

焦虑是一种常见的负面情绪，几乎每个人都有过，但很少有人能明确地指出，焦虑到底是怎么产生的。

确实，这个问题不是三言两语能解释清楚的。焦虑的成因比较复杂，专家分析焦虑是由遗传因素、精神因素、生物学因素和性格特征等多重因素影响产生的。在此，我们着重谈一谈性格特征和精神因素两个方面。

第一，完美主义作祟。

人都有追求完美的情结，但现实终究不如想象中那么美好，或多或少都会有缺憾和瑕疵。过分追求完美的人，往往就会陷入其中不可自拔，为了那些不圆满的事物长吁短叹、心烦意乱，不停地埋怨自己，内心焦虑不安。

第二，抗挫能力差。

有些人心理素质不太好，有神经质的人格，对于外界的刺激非常敏感，承受挫折的能力很差，经常会陷入提心吊胆、杞人忧天的状态中，甚至疑神疑鬼、心神不宁。

第三，缺乏生活阅历。

有句话说得好："不曾经历，怎会懂得？"有的人活得比较单纯，也没有接受过挫折教育，总是想当然地认为生活就是用来享受的，不该有困难阻碍。未经世事的他们，根本没有做好迎接苦难的准备，当有一天意外降临，他们立刻就会陷入惶恐不安之中，不知所措。

第四，不善于等待。

有的人是急性子，希望做什么事情马上就能得到回报。可事实告诉我们，这个世界上根本就没有一蹴而就的事情，只要不懈地努力拼搏，才可能换来一些起色。所以，这些人在等待结果的过程中，非常容易感到焦虑。

第五，自卑与羞耻感。

有些人总是错误地评估自己，认为自己的表现很糟糕，跟别人比起来相差甚远，就开始自责，产生羞耻感。也有一些人习惯为失误而自责，身心疲倦，活得毫无乐趣，由此患上焦虑症。

焦虑产生的原因不尽相同，或是由单一的因素导致，或是综合因素引起，但无论是哪一种焦虑，都于身心无益。我们必须在觉察到焦虑情绪时，采取一些有效的缓解措施。美国成功励志大师戴尔·卡耐基曾经提出过一些应对焦虑的方法，在此我们不妨借用一下。

▶方法1：保持好心态，知足常乐。

遇到让自己不顺心的事时，不要过于追究自己的责任，不要把世界看成是完美无瑕的，学会适时地满足自己。同时要注意保持一个稳定的心态，完全没有必要为身边的小事而大喜大悲，不要让客观现实左右了自己的情感。

▶方法2：学会自我疏导。

先学会认识自己，找对病因。当你明白自己已经被焦虑情绪左右时，要学会注意力转移法，也就是通过将思维转移到愉快的事情上，而使焦虑情绪被渐渐淡忘。或者采取剖析焦虑原因的方法去缓解，当你感到焦虑时，想一想为什么会焦虑，值不值得去焦虑，事情的结果总会好起来的，这样焦虑可能就会离开你了。

▶方法3：向他人求助。

如果你感到自己的焦虑十分严重，可以去拜访心理医生，进行一些心理咨询。有效的心理咨询会让你大大减少自己的焦虑感，如果有必要，可以让精神科的医生开一些抗焦虑药物。

焦虑的缓解方法很多，最重要的还是自己心理上的疏导与放松，能调节自己的心理，才能更好地调节自己的生活。

患得患失，往往事与愿违

一位作家说："世界上最可怜又最可恨的人，莫过于那些总是瞻前顾后、不知道取舍的人，莫过于那些不敢承担风险、彷徨犹豫的人……他们总是背信弃义，左右摇摆，最终自己毁坏了自己的名声，终将一事无成。"

美国知名的高空走钢丝表演者瓦伦达，在一次重大的演出中，不幸失足身亡。回忆这场悲剧，他的妻子说："我知道这次肯定会出事。上场前，他总是不停地说，这次太重要了，不能失败，绝对不能。可在此之前，他每次表演时都只想着走钢丝，根本没想过结果怎么样。"

每每重温瓦伦达的故事，都不免令人怅然叹息。有时，太渴望得到一件东西，太专注于事情本身，太患得患失，往往会事与愿违。身处纷扰繁杂的世界里，很多人习惯把人生视为一次重大的演出，恨不得一切平坦顺利，如愿以偿得到自己想拥有的结果，永不失去；稍有些风吹草动，内心的平静便被搅乱，开始畏畏缩缩、诚惶诚恐、患得患失。时间久了，整个人也变得瞻前顾后，想要的担心得不到，得到的担心会失去，犹豫、迟疑、焦虑不时地侵袭着，使人工作时难以专心，心灵上不堪重负，性情越来越烦躁。

这不禁令人想到猎人捉猴子的故事：猎人在岩石上凿一个口很小的洞，里面放上猴子爱吃的花生。猴子抓着满满的一把花生，拳头自然拿不出来，可又不舍得放手，就只能在那着急生气。趁这机会，猎人就把猴子捉住了。

人生不也如是吗？需要考虑要抓住什么、付出什么、拥有什么、放弃什么。如果什么都想要，最终什么都得不到。如果考虑得太久，犹豫不决，又会错过许多宝贵的东西。等真的想明白了，就会发现，除了生命，没有什么东西不可放手，患得患失只会让自己画地为牢。

患得患失的人，一辈子都难有从容的姿态，因为焦虑会如影随形。要消除焦虑，先要学会看淡得失。很多时候，斗气渴望的“得”，与提心吊胆害怕的“失”，不过是内心一厢情愿的理解罢了！

世间哪来绝对的得与失？很多时候，得就是失，失就是得。得到的美好，不过是想象出来的；失去的可怕，亦不过是片面的认为。失去是一种痛苦，但也是一种幸福，因为失去的同时也在获得，只是我们太专注于得到，太忌讳失去，才会人为地去厌恶失去。

活在世上，我们都当牢记诗人安瓦里·索赫的忠告：“让世俗的万物从你的掌握之中溜走，不必去忧心，因为它们没有价值；尽管整个世界为你所拥有，也不必高兴，尘世的东西只不过如此；我们该从自己的心灵之中找归宿，快乐一些，无物有价值。”

理性消除焦虑“三步走”

焦虑是一种类似担心害怕的情绪体验，焦虑者时常会处在不安的状态中，吃饭不香，睡觉不实，整天都揣着心事，对身边的事物难以提起兴趣，经常会担心自己的身体出了问题，或是担心孩子的安危，抑或担心自己的前途和未来。

其实呢？现实的状况并没有焦虑者想象的那么糟糕，还没有到身临困境或危险的境地，那只是他们预感会有不好的事情发生，或是对事情可能出现的各种结果把握不定。

这种焦虑的情绪会出现在各个年龄、各个层次的人身上，就算是大人物也难免会患焦虑症。格兰斯顿曾经担任四任英国首相，可每次演讲之前他都会失眠，为自己该说什么、不该说什么而担忧。他是一个虔诚的教徒，可即便如此，依然在这方面浪费着大量的时间和精力。

有没有什么办法，能够迅速地减缓焦虑，找回一些平静呢？

美国著名工程师成利斯・卡利尔曾经把一件工作搞砸了，将给公司带来巨大的损失。面对这样的突发事件，他心里焦虑万分，很长时间都陷入痛苦中不可自拔。幸好，最终理性还是战胜了糟糕的情绪，它提醒卡利尔，这种焦虑是多余的，必须让自己平静下来才能想到解决问题的办法。

没想到，这种强迫自己平静下来的心理状态真的起了效用。后来的三十多年里，卡利尔一直遵循着这种方法，遇到事情先命令自己“不许激动”。卡利尔具体是怎么做的呢？结合他当时的处境，我们不妨参考并借鉴一下他处理焦虑的步骤。

▶ step1：心平气和地分析状况，设想已经出现的问题可能会带来的最坏结果。当时，卡利尔面临的情况也比较糟糕，但还不至于到坐牢的境地，顶多是丢了工作。

▶ step2：预估了最坏的结果后，做好勇敢承担的思想准备。卡利尔告诉自己，这次失败会给我的人生留下一个不光彩的痕迹，影响我的晋升，甚至让我失业。可即便我丢了工作，我还可以去其他地方做事，这也不是什么大事。当他仔细分析了可能造成的最坏结果，并准备心甘情愿地去承受这个结果后，他突然觉得轻松了很多，心里不再压抑憋闷，找回了久违的平静。

▶ step3：心情平静后，把所有的时间和精力用在工作上，尽量排除最坏的结果。卡利尔的做法是，做了多次试验，设法把损失降到最低。后来，公司非但没有损失，还净赚了1.5万美元。

这三个步骤可谓是处理焦虑情绪的通用方法，毕竟人陷入焦虑状态时会破坏集中思维的能力，思想无法专心致志地想问题，也很容易丧失当机立断的能力。选择强迫终止焦虑，正视现实，准备承担最坏的后果，就可以消除一切模糊不清的念头，让人集中精力去思考解决问题的办法。

另外，感到焦虑不安的时候，也可以主动把内心的担忧告诉身边可信任的人，减轻心理负担。如果没有合适的倾诉对象，也可以找一张纸，把自己的担忧写出来。这样做的话，可以理清思绪，让混沌不清的问题有个脉络；同时也能让自己清晰地认识到问题的性质，判断事情是否真的有那么糟糕；还能够从一些被忽略的细枝末节中，找寻到解决问题的思路。

说到底，整个过程的实质就是让自己冷静下来，明白事情最坏的结果是什么、自己有没有勇气去承担。当你能够回答这些问题后，焦虑自然会减轻很多。接下来，就是想办法阻止那个最坏的结果发生，当你找到了解决的办法，全力以赴让它变成现实时，很快就能从焦虑的情绪中跳出来，因为你的注意力全用在付诸努力上，根本没时间去胡思乱想了。

冲破内在的“心理障碍”

人是自然界中最有思想和情感的动物，既有生物属性，也有社会属性。所以，人既会患生理疾病，也可能会因为某些问题出现心理障碍。前者会带来机体的反应，比较容易察觉；后者却经常被忽略，结果造成了悲剧。

所谓“心理障碍”，就是指没有能力按照社会认为适宜的方式行动，导致其行为后果对本人或社会的不适应。简单来说，就是无法适应社会正常的生活。判断一个人心理障碍的严重程度，就要看他偏离社会生活规范的程度。

《长江日报》曾经发过这样一篇报道，土耳其最胖女人赛妮丝多年来寻死失败后，终于在某月下旬于医院去世，“死因不明”。赛妮丝终年60岁，去世时体重350公斤。

关于赛妮丝的经历，在此我们不妨再多说一些。多年来，她尝试各种方法减肥，但均以失败告终，致使她精神崩溃，屡次寻死。赛妮丝去世当日的上午，其丈夫见她精神恍惚，怕有什么异常，就将其送到邻近的一家私人医院。为此，他特意寻求消防队员的帮忙，花费了整整三小时，把楼梯沿边的扶手全部割除，焊掉楼底的钢板大门，才把装在特大帆布袋里的赛妮丝移送到楼下，抬出大门。到医院以后，赛妮丝拒绝任何治疗，她不断地向家人表示，自己已经对生活无望，只求安乐死。

毋庸置疑，赛妮丝已经患上了典型的抑郁性心理障碍，这种心理疾病的主要表现就是：情绪低落、悲观厌世、自我评价低，总是以悲观的视角看待一切，内心多感到无助、不幸，对任何事情都没兴趣，甚至不愿意继续活着。说到底，这些问题都是由于思想压力太重导致的，忧虑太多无处消解，形成了心理障碍。

这个世界上没有完美的人，在某些方面存在缺陷也是很常见的。当心理障碍或缺陷让自己感受到痛苦，并且严重影响社会适应性时，就要努力克服了。克服心理障碍最好的办法，莫过于扬长避短，顺应自然，不要终日想着自己的“问题”，忽略了其他的美好。

一名优秀的高中生，曾经以年级第二的成绩考入重点中学。周围有很多关心他的人，向他传授学习方法，说得最多的一句话就是：“要专心致志地学习，集中精力。”可就是这种反复强调，让他背上了沉重的心理负担。后来，他在学习的过程中，总是想着自己的注意力是不是集中，结果适得其反，学习效果越来越差。这种心理障碍如影随形，让他的成绩不断下滑。

显然，这个中学生的心理问题，就是因为周围环境的改变以及外界的期望过高，导致了心理压力太大，他害怕让别人失望，就产生了严重的焦虑情绪。如果这种状况得不到及时的解决，结果也是令人担忧的。

压力和动力之间是可以相互转化的，关键是个人如何看待它们。面对这种情况，要学会自我调节和疏导，努力让自己的内心平静下来。如果别人的话给自己带来了负面的影响，那索性就不要去听、不要去想，按照自己的节奏来，找到适合自己的方式方法。

每个人都有自己的优缺点，也有不尽如人意的地方，总把关注点放在不好的、做不到的事情上，或是被外界的言论左右，就会使自己背上过重的思想负担。我们都要学会全面地认识自己，努力发挥自己的优势，冲破内在的心理障碍，才能彻底抛开忧虑，获得健康美好的人生。

想得少一点，做得多一点

焦虑是多种感受交织而成的复杂情绪，包含着对危险、威胁和需要特别努力但又无能为力的苦恼的强烈预期。例如，很想去做一件事，可这件事有点难，有风险，你担心做不好，可放弃又不甘心，这时候就会百感交集。想想看，是不是这样？

对于这种难忍的情绪状态，该怎么做才能不让它阻止我们达到目的呢？畅销书作者李尚龙说过一句话：“那些并不觉得焦虑的人，只是因为他们正在做那些让他们焦虑的事情。打败焦虑最有效的方法其实很简单：立刻、马上去做那些让你焦虑的事情。”

心理学家曾经作过一次调查，研究在一次体操比赛中，得胜者和失败者赛前的焦虑程度。结果发现，两类人的焦虑水平基本上一样，唯一的区别在于应对焦虑的方式不同。在比赛中表现较差的运动员，只懂得担心，总想象自己如何表现不好，陷入了近乎恐慌的状态中；那些得胜的运动员，则不会多想自己的焦虑，而是集中精力去完成比赛项目，把要做的事情分成一系列细小的步骤，从而有效地克服了焦虑。

由此可见，有时候，越是思考，越是焦虑。面对生活中的物质压力、竞争压力，整天担忧物价上涨、公司裁员，势必无法安心生活、专心做事。若是把焦虑的时间缩减一点，多去想想怎么提升自己，学习如何理财，让自己更有竞争力，才能有效地避免担忧的问题发生。一味地想象着、焦虑着，于事无补，还真的有可能上演“怕什么来什么”的剧目。

丹麦著名哲学家斯隆·契克格达认为，我们在面临发展自己的可能性时，都会产生一种向往的心态，如果没有这种紧张不安、跃跃欲试的冲动，任何成功和进取都是不可能的。回避焦虑解决不了问题，担忧得以消除，我们依然要置于焦虑的状态下，去做胜负未知的追求或探索。

整日带着一大堆的思考，伴随着愁云惨雾的迷茫，没有任何实际的效用。真正能扭转结局的，是脚踏实地的行动，思考不过是调整航向的舵盘。消除焦虑的最好方法是正视它，并且全身心扑进去。只要坚持去做，在行动中看到转变，自信和希望就能够逐渐地消灭焦虑。

在行动的过程中，特别需要注意一个问题：大脑有趋利避害的机制，要避免被享乐主义牵着走。很多人在选择行动后，坚持了一段时间，随后就感到些许疲惫，此时脑海里会萌生一个念头：“已经很好了，可以稍微放松一点儿。”

请注意，这就是大脑的享乐主义和趋利避害的机制在作祟，此时不能轻易妥协。一旦你打破了原来的计划，彻底停了下来，很有可能会再次回到原来的状态中。最好的办法是，适当减轻行动的量，对计划做轻微的调整，而不是彻底放弃。

活在此时此刻、此身此地

秒针的故事，想必你也曾听过——

深夜，当所有人都休息的时候，钟表上的秒针抽泣了起来。它抱怨道："真是太不公平了。我每天都要周而复始地奔跑，从来都没有休息过，哪怕是一秒钟的时间。我跑一圈，分针才走一步；我跑六十圈，时针才挪一脚。一天下来，我要跑一千四百四十圈，一年三百六十五天，我真是太累了！我担心自己明天就没有力气了……"这时候，一只飞蛾听到了秒针的抱怨，它说："你不要去想明天的事情，只要走好现在的每一步，你就会觉得轻松和快乐。"

正如飞蛾所说，只要脚踏实地地一步一步向前走，过好每一天，就会感到轻松和快乐。如果总是为明天而烦恼，就会造成心理压力，让自己活着步履艰难，人生既辛苦又乏味。话虽如此，生活中依然有很多人会像秒针一样，把大量的时间花费在消沉和抱怨之中，妄想着人生会与真实的有所不同。他们忘了，今天有今天的事情，明天有明天的烦恼，很多事无法提前完成，过早地为将来担忧，于事无补。

谁都无法改变过去，却可能因为担心未来而摧毁美好的现在。有时候，我们可能会因为担忧某件事而做噩梦，导致精神恍惚，把自己折磨得筋疲力尽，其实大可不必这样。快乐不是一件很难的事情，只要放下对明天的忧虑，少一分焦虑，就会多一分轻松。明天的烦恼，谁也无法提前解决，更重要的是很多烦恼根本就是无中生有，这种想象出来的麻烦比真正出现的不知要多出多少倍。

撒哈拉沙漠生活着一种土灰色的沙鼠。每当旱季到来的时候，它们总要囤积大量的草根，以备艰难日子食用。当草根囤积到足以让它们享用不尽的时候，它们还会拼命地寻找草根，运回巢窟，如果不这样做，它们似乎会变得焦灼不安。后来，医学界的人士想用沙鼠来代替小白鼠做实验，但屡屡失败。尽管笼子里丰衣足食，但沙鼠还是很快就死亡了。医生发现，沙鼠是因为没有囤积到足够的草根而死的，换句话说，它们是因为极度的焦虑而死的，这是一种自我的心理威胁。

美国作家布莱克伍德曾说：“99%的预期烦恼是不会发生的，为了不会发生的事饱受煎熬，真是人生的一大悲哀。”这是他用亲身经历总结的人生经验。很多时候，我们对未来的担忧都是一些无谓的恐惧，但这种恐惧却会剥夺生活中所有的快乐和幸福。

有位盲人姑娘，一直生活得很忧郁。一天，她面色憔悴、脑袋耷拉着和朋友见面，并向朋友诉说自己心里的苦：“我现在和丈夫开了一家盲人按摩店，生意还可以，但我心里还是很不安，我总担心将来有一天生意会变得惨淡。或许，生意还没有变差，我自己已经老了，到时候我又该怎么办呢？现在我的婆婆经常帮我打理家务，可她的岁数一天天地大了，以后就不能常来帮助我，到那时我又该怎么办呢？还有，我的孩子也上学了，真不知道他们将来该做什么样的工作，而我在这方面又帮不上他……”

朋友还没有听她说完，就打断了她的话：“你知道你为什么活得如此辛苦吗？就是因为你有太多的担心，是这些担忧把你摧残成现在的样子！想让自己活得开心、过得幸福，那就记住一句话：不要为明天而忧虑！”

不必预支明天的烦恼，怀着忧愁度过每一天。设想自己可能遇到的麻烦，只会徒增烦恼。实际上，等烦恼真的来了，再去考虑也为时不晚，别忘了人们常说的那句话：“车到山前必有路，船到桥头自然直。”

今天如同一座独木桥，只能承载今天的重量，假若加上明天的重量，必定轰然倒塌。所以，不要想太多有关未来的事，不要顾虑太多，只要好好地享受、欣赏现在的生活就行了。活着的本分就是做好今天，明天永远是属于天主的。就算担忧的事情真的发生了，也可能因为一些其他的事情而改变，让事情朝着好的方向发展。记住《圣经》里的那句话吧——不要为明天忧虑，明天自有明天的忧虑，一天的难处一天担就够了！

Chapter 5

当心！别让
悲观抑郁肆意疯狂

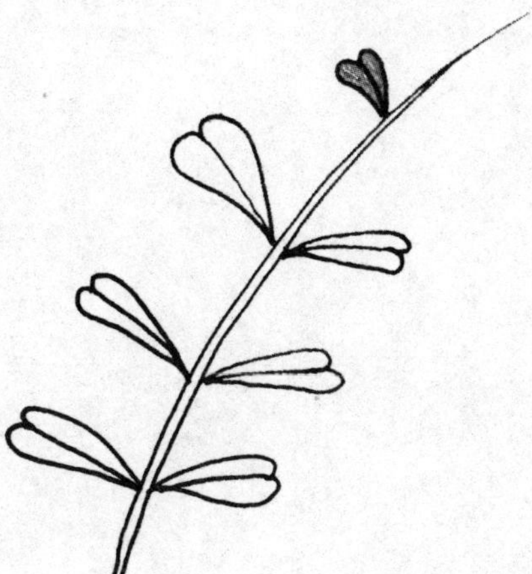

抑郁是一场心灵的流感

抑郁，已经不是一个新鲜的词语了，而是成为现代人的通病。每个人在一生中的某个时刻，都曾与抑郁狭路相逢过。当它来袭的时候，那感觉就像一位知名作家所描述的那样：

“抑郁像雾，难以形容。它是情感的陷落，是一种低潮感觉状态。它的症状虽多，灰色是统一的韵调。抑郁的人冷漠，丧失兴趣，缺乏胃口，退缩、嗜睡，无法集中注意力，对自己不满，缺乏自信……不敢爱，不敢说，不敢愤怒，不敢决策……每一片落叶都敲碎心房，每一声鸟鸣都溅起泪滴，每一束眼光都蕴满孤独，每一个脚步都狐疑不定……”

20岁的男孩L，出身于知识分子家庭，其父亲因受打击患精神分裂症。L从小就觉得自己受歧视，时常听邻居窃窃私语：“这孩子真可怜，爸爸得了精神病。”自此，他就有了一种“我是世上最不幸的人”的想法，把父亲生病这件事当成了不可外扬的“家丑”，不让父亲出席家长会，也很少在同学面前提起自己的父亲。

L学习成绩不好，老师经常惩罚他，同学私底下给他起外号，说他是“第二号呆子”。L对老师颇有成见，同时也加深了自卑。初二那年，他患上了慢性肾炎，休学一年。

回到学校后，L成绩依然不好，身体也欠佳，不能像其他男生一样打球跑步，渐渐觉得自己离班级、同学越来越远。随着年龄的增长，看到其他同学各有所乐，L更觉自己无用，周围的人都看不起他，他却认为那些人没思想，无法理解自己。当腰酸背痛、头晕乏力不断侵扰L时，他抗拒去医院治疗。从初三开始，他就产生了轻生的念头，并具体设想了如何实施自杀方案，只是苦于勇气不足。

进入高中后，L的心理状态没有任何改善，他对家庭、社会、人生、自己，感到极度悲观绝望，开始厌学，认为自己活着多余，就应该死掉。他在日记里写道："我从小受歧视，养成内向性格。我自卑又自尊，很留意别人对我的评价，我什么都不行，身体、成绩、家庭；同学们对社会充满希望，我却很悲观；世上小人太多，话说多了就会遭到歧视，我不敢反驳别人，见人低着头走，我要保护自己；我身体不好，痛苦多，随他去，死了算了，达尔文说适者生存，我不适就让社会淘汰吧，我是过一天算一天，还上什么学，死了好。但我母亲对我好，我不能死在她前面，我为母亲而活着。"

L的症状是典型的抑郁症，从情绪低落、悲观失望，发展到了想要自杀的地步，还影响了身体的功能。看到这里，你可能也明白了，为什么人们习惯把抑郁称为"大黑狗"，因而为它确实很可怕，是"人类第一号心理杀手"，时刻危及自身和周围人的健康与安全。

危害1：抑郁会给人带来持续性的情绪低落，让人长时间处于低落、痛苦的感受中，出现面容憔悴、愁眉苦脸、双目凝视、面无表情、暗自流泪等症状。

危害2：伴随抑郁产生焦虑或激越的现象，表现为坐立不安、心神不宁，出现莫名其妙的惊恐、多虑、易怒和焦躁不安。

危害3：抑郁导致身体功能下降，出现思维困难的情况。脑力劳动者在这一点上表现得尤为明显，原本思维敏捷的科技人员或白领人士，患上抑郁症后，很难胜任正常的工作，还会出现睡眠障碍等情况，严重影响个人生活。

危害4：运动阻滞，思维消极。美国学者艾伦·贝克在1985年曾提出，感觉与思维之间有着密切的关系："当我们情绪低落时，我们的思维和回忆总是向坏的方向发展，结果导致情绪更加阴暗。思想变坏之后，情绪又跟着变坏，从而进入一个越来越抑郁的下降螺旋。"抑郁的人对工作、学习提不起兴趣，总觉得心有余而力不足，就连日常家务都懒得做，身心俱疲。同时伴随消极的思维，对前途悲观绝望，把自己看得一无是处，无限夸大过失和缺点。

危害5：抑郁可导致自杀。根据美国调查的数据显示，临床抑郁症患者的自杀率为10%。这足以证明，抑郁症患者的自杀率相当高。专家预测，到2020年，抑郁症将成为仅次于癌症的人类第二杀手，其中女性患者较多，世界卫生组织已经将其列为女性健康的头号威胁。

危害6：抑郁症患者会影响到周围人的生活质量。跟抑郁的孩子或父母一起生活，是一件很痛苦的事，经常会被带入低落痛苦的氛围中。

放眼望去，抑郁这条疯狗无处不在，但更可怕的是，很多人对其危害浑然不知，缺少正确的认知和判断，觉得情绪低落无关紧要，所有人都是在为了生活奔波，任由抑郁的情绪肆虐。结果，抑郁症就这样找上门来了。

真正关爱自己，就要重视自己的心理感受，及时觉察情绪和身体上的变化，把抑郁的种子扼杀在摇篮里，用积极正确的方式进行心理调适，还自己一颗清澈的心、一份正常的生活。

适时地为心理“卸妆”

抑郁很可怕，患上抑郁症更是痛苦。对此，丘吉尔曾直言不讳地说：“心中的抑郁就像只疯狗，一有机会就咬住我不放。抑郁症出现的时候，让人猝不及防，让人变得不快乐，陷入长期的焦虑、自责、无助或绝望中，严重的甚至会动起自杀的念头。”

那么，人为什么会抑郁呢？它到底是如何产生的呢？在这里我们要分两种情况来说，对于真正意义上的抑郁症患者来说，患病的原因主要有以下几种。

原因一，遗传基因

遗传是抑郁症的一个重要因素。30%经常患抑郁症的人，他们的父亲或母亲也曾患有此病。研究显示，父母其中一人得抑郁症，子女得病概率为25%；若双亲都是抑郁症患者，子女患病率提高至50%～75%。

原因二，环境诱因

令人感到有压力的生活事件及一连串的挫折、失落、慢性病或生命中不受欢迎的重大决定，也会引发抑郁症。如丧偶、离婚、丢掉工作、财务危机、失去健康等。

原因三，药物因素或疾病

对一些人而言，长期使用某些药物（如一些高血压药、治疗关节炎或帕金森病的药）会造成抑郁症状。罹患慢性疾病如心脏病、中风、糖尿病、癌症与阿尔茨海默病的患者，得抑郁症的概率较高。甲状腺功能亢进，即使是轻微的情况，也会患上抑郁症。

当然了，对于生活中的绝大多数人来说，尚且达不到抑郁症的程度，多半只是轻度抑郁，这种抑郁主要是由于负面情绪不断积累，导致心态失衡，没有及时制止不良情绪的蔓延，致使负面情绪不断扩散，进而将这种影响固定下来，此后又不断强化。

抑郁的情绪，都是因为发生了一些重创吗？事实不尽如此。真正的问题在于，心态失衡后没有及时让心态回归平静，纵容了坏情绪的发展，这种行为远比事情本身更糟糕。

某人因工作表现不好，遭到了领导的严厉批评，满腹牢骚和愤懑。回到工位上后，忍不住发泄自己的情绪，结果不小心被绊倒，刚好碰到了玻璃花瓶，身子往前倒的时候，手被玻璃扎破了。那一刻，他觉得自己简直倒霉到家了。

这样的场景我们都很熟悉，不是亲身经历过，就是亲眼目睹过。那所谓的“倒霉”，不过是因为最初发生了一些不愉快的事，导致自己一直沉浸在负面情绪中，心理严重失衡。等有了新的事情出现时，心理状态还在延续之前的那种感受，因而采取的处理办法多半都是消极的、错误的，致使倒霉的事情一件接一件。时间久了，人就变得抑郁了。

从某种程度上来说，不擅长控制情绪的人，更容易悲观失望，陷入抑郁之中。毕竟，生活不可能处处顺心，挫折烦恼就像细菌一样无处不在，既然无法逃脱，就得学会正确处理，在适当的时候进行“心理卸妆”。

所谓“心理卸妆”，就像是女性每天晚上临睡前卸妆一样，把当天的心绪整理一遍。对于负面的记忆，要尽数地清洗掉。你可以用冥想的方式，想象着有一条清澈的小溪；如果想象不出来，就望着一张小溪的图片，回忆当天发生的不愉快的事，让它们全部顺流而去。接下来，试着在心里默念三句话：

“我愿意……”（自己最期望的心境）。

“我有……的能力”（能够完成某个目标的心力）。

“……能使我快乐”（对待使命的精神准备）。

默念完之后，放空大脑，什么都不要想，安心睡觉。这种方法的关键在于树立积极的生活态度，心境发生了变化，即使面对挫折，也能很快摆脱低沉的情绪。这种积极的力量有多大呢？当你到悲观抑郁时，试着抬头向上看，就比低着头思考豁达很多！

调试突如其来的抑郁心绪

流浪在撒哈拉沙漠的女作家三毛，年少时就是一个不太合群的孩子。孤独与阴郁，是她童年的所有记忆。从她接触的环境和作品里总能隐约嗅出抑郁的味道，她在《梦里花落知多少》里写道："如果选择了自己结束生命的这条路，你们也要想明白，因为在我，那将是一个幸福的归宿。"

不过10岁的少女，竟想着自己可能活不到穿长筒袜的20岁就会死去。后来，她考上了中国台湾最好的女中，但她古怪的性情依旧没有改变，且愈发内向，身体也变得越来越弱。由于很难适应学校生活，13岁时三毛在焦虑和抑郁中自杀过一次。后来还有一次，她无法承受男友病故的打击，当即吞下一把安眠药，所幸抢救及时。悲剧并没有就此终止，当与三毛共度6年幸福生活的丈夫荷西在潜水中意外丧生后，三毛的世界彻底崩塌了。1991年1月4日，在中国台北荣民医院，三毛用丝袜结束了48岁的生命。

也许，正如三毛自己所说，自杀对她而言是一个幸福的归宿。因为，再怎么鲜活的生命，一旦被抑郁症这个精神病魔缠上，都会感觉生不如死，那种折磨令人无法自拔。从中国香港演员张国荣跳楼自杀，到韩国艺人李恩珠自缢身亡，这期间穿插着太多自杀身亡和自杀未遂的故事。调查显示，中国每年都有近30万人自杀身亡，而自杀未遂的人应当是这个数字的10倍以上，导致自杀的原因中，抑郁是不可小觑的情绪因素。

关于抑郁，英国诗人拜伦曾经这样描写它："忧郁坐在我身上，像伴随着天空的一块云，它不让一道阳光穿过，也不让一滴雨落下，……它像人与人之间的妒忌——一种永恒的薄雾——扭曲天和地。"

抑郁的人总会陷入烦闷自怜的消极旋涡中，对生活失去应有的热情，总感到茫然无助。当人生中出现一些变故、遭遇一些坎坷时，就会心神不宁、精神不振，甚至不想活下去。掉进这个情绪深渊里，生活就会变得没有期待、没有光明，只有绝望和黑暗。

对于这种感受，白岩松如是说："36岁的时候，我突然觉得自己看到终点线了，突然会觉得人生到了一半的时候了，你对任何事情失去兴趣，有强烈的悲观感、绝望感，一种深深的失望，那段时间，我天天在想的就是自杀……"

抑郁有可能毫无阻拦地闯入每个人的生活中，感情不顺心、事业遭挫折，抑或遭受自然灾害和交通事故，人的精神都会因此遭受重大打击。倘若这种抑郁的情绪得不到控制，就会演变成抑郁症。可我们都知道，失意是不可避免的，我们能做的就是运用合理的宣泄方式，减少抑郁对身心和生活的影响。

那么，该如何去调试偶尔冒出来的抑郁情绪呢？

▶方法1：学会自我安慰，多点"阿Q精神"。

遇到挫折时，不要总想着自己的委屈和不幸。试着蒙上眼睛体会一下盲人的生活，或是堵住耳朵感受一下安静的世界，闭上嘴巴体会一下不能说话的苦……多少身体上有缺陷的人都能顽强地与命运抗争，认真地活着，作为身心健全的正常人，又有什么资格去抱怨呢?

俄国作家契诃夫在《生活是美好的》一文中对企图自杀的人说："为了不断感到幸福，那就需要：善于满足现状；很高兴地感到：事情原本可能更糟呢！要是你的手指头扎了一根刺，那你应高兴：挺好，多亏这根刺不是扎在眼睛里。"有时，生活需要这样的精神胜利法，为自己的内心求得平衡。

▶ 方法2：调整个人期望，少点不切实际。

生活不能事事顺心，人际上也不可能都亲密无间，当某些结果不如自己预想的那么好时，扪心自问一下：是不是自己已经尽力了？是不是当初定的目标太高了？若情况总是这样，那就适当调整一下个人期望，用平常心接受平常事，不好高骛远，也就会少点失落。

▶ 方法3：合理地表达情绪，不要封闭自怜。

运动是缓解压力和烦闷的良方，能够将积聚在体内的负面情绪释放出来；向理解自己的人倾诉，也能平复情绪。最不可取的就是，把自己封闭起来，自怨自艾，这只会加剧抑郁的程度，无异于画地自牢。

人活一世，草生一秋，短暂的生命不可能顺风顺水，痛苦烦恼在所难免，但是生命中还有许多感动和情意值得我们去感受、去留恋。所以，不要总盯着自己的烦恼和痛苦，要振作起来，正视问题，解决问题，才能远离抑郁，感受到温暖和希望。

化悲观为乐观的三个原则

悲观的情绪由精神引起，且会影响到其他器官。有一件真实的案例，足以证明这一推断。

一位铁路工人意外地被锁在一个冷冻的车厢里。他清楚地意识到，自己置身于冷冻车厢，如果出不去的话，就会冻死。不到20小时，冷冻车厢打开了，那位工人果然失去了生命体征。医生证实，这位工人是被冻死的。但仔细检查了车厢，却发现冷气开关并没有打开。

在冷冻开关闭合的情况下，为什么那位铁路工人还是被冻死了呢？因为他确信，在冷冻的情况下不可能活命，极度的悲观绝望会让人失去生存的欲望，由精神影响到机体。

悲观的人在遇到问题时，习惯这样想："生活就是这么无奈，努力也是徒然。"经常用这样的思维模式去解释问题，下意识中就丧失了斗志。人的性格迥然不同，但悲观的性格绝不是命中注定的，而是后天养成的，或者说是"学习"来的。

心理学家做过一个试验：把三组狗分别放在不同的笼子里。第一组狗可以用自己的行为控制，试验员对其施以电击，几秒钟之内狗发现跳过笼子里的栅栏就能逃避电击；第二组狗即使跳过去，栅栏的那边还是有电击，无论它们怎么做，都无法逃避电击；第三组狗是正常的，从未受过电击。

接着，试验员把这三组狗放到可以逃避电击的笼子里。第一组狗很快就跳过了栅栏逃避电击，第三组也很快发现了这个途径，唯有第二组狗没有跳，始终停留在有电流的笼子里，放弃了逃避的尝试。第二组狗的行为，在心理学上被称为“习得性无助”。

很明显，动物可以通过学习知道哪些行为是无益的，因而变得被动，不再主动去尝试。后来，有人把电击改成噪音，以同样的模式转移到人的身上，也发现了同样的结果。一个人在学习到了悲观和被动后，受到一点打击就觉得永远也不能逾越，再也不愿意去尝试改变。

既然悲观不是天生的，那就意味着存在改变的可能。一位思维心理学大师曾经提出，要化悲观为乐观可遵循三个“不要”原则。

▶原则1：不要扩大事态。

如果在谈恋爱这件事上遭遇了挫折，不要说“世间没有真情，以后再不会去爱任何人”，而是要对自己说：“这一次的感情没有经营好，我学到了什么？下一次我要怎么做，才能避免出现同样的问题？”

▶原则2：不要混淆“人”与“事”。

当一件事情失败的时候，不要把问题都归咎于自己，认为“我是一个彻头彻尾的失败者”，这就等于把“人”和“事”混淆了。要试着对自己说：“这件事情我有处理不当的地方，才导致这样的结果，我需要多想想下一次该怎么处理更合适。”

▶原则3：不要夸张渲染。

稍有不如意的时候，不要总是对自己说："我这个人就是倒霉，什么事都不顺。"要知道，这不是事实！你要学会对自己说："为什么很多时候我做事都不太如意，到底是哪儿出了问题呢？我要怎么来避免？"

每个人在身处逆境时，都不免会有一些畏惧之心，但要学会客观地去看待问题，不能偏激地把原因归咎于自己，更不要过分夸大事情的影响。乐观和悲观一样，都是学习来的，当你尝试换一种思维方式和情感模式去处理问题时，久而久之就会形成习惯，再遇到问题时不会马上悲天悯人，而是会冷静下来反思整件事，寻找解决路径。

黑暗与光永远并肩前行

悲观抑郁的人，对任何事情都秉持一份迟疑和不信任，遇到些许不美好，就否定整个人生。他们忘了，这个世界上，影子与光永远是共存的，我们无法逃避阴影，但有阴影的地方，一定也有光。

细想人生，真的如此。顺风顺水的时候，领悟到的不过是生活的一个侧面，当生命陷入黑暗的困境中，心灵却仿似多了一双眼睛，能够穿透黑暗领悟到更多。挫折无疑令人痛苦，可若能在挫折中擦干眼泪、继续前行，却能快速地成长起来，变得更强。

在奥斯卡的颁奖舞台上，她的侃侃而谈吸引着所有观众的目光。长达3小时的直播，有了她的存在，变得有趣而激动人心。她就是美国著名脱口秀节目主持人艾伦·德杰尼勒斯。

艾伦的幽默犀利、洋溢在脸上的笑容，以及曾经被誉为“全美最滑稽的人”的称号，很容易让人产生一种错觉：她的成长环境和生活一定很不错，不然怎么会笑得如此动人？可是，真实的艾伦并没有那么幸运，她的口才完全是从挫折中锻炼出来的。

13岁那年，艾伦的父母离异，她跟随妈妈一起生活。失败的婚姻、生活的压力，让艾伦的母亲患上了重度抑郁症。有一天早上，艾伦起床后准备到厨房做早餐，却惊讶地看到妈妈呆呆地站在厨房里。事实上，妈妈已经很久没有给她做过早餐了，当艾伦好奇地走近一看，才发现妈妈正准备用水果刀割腕自杀。自那以后，艾伦把家里所有的刀都藏了起来。

为了让妈妈走出抑郁，艾伦特意请教过医生。在医生的建议下，她每天放学后都会给妈妈讲一些学校里的事，试图缓解她的抑郁情绪。单纯的讲话并没有引起妈妈的注意，于是艾伦就在语言和动作上下功夫，尽可能把故事讲得幽默一些。到后来，每天取悦妈妈就成了艾伦生活中最重要的一件事。

艾伦喜欢看书，经常从书中发掘一些好故事讲给妈妈听。渐渐地，这种举动不仅让妈妈的病情得到了好转，也让艾伦的口才得到了锻炼。她喜欢上了这种表演形式，在学校的晚会上，她时常把生活中发生的一些事编成脱口秀表演给大家。

上大学一年级后，由于生活拮据，艾伦只好退学。为了养家，她开始四处打工，做过饭店服务员、领班、酒保，也卖过吸尘器、做过油漆工。有一天，她在下班途中看到一家咖啡馆正招聘脱口秀演员，她就去面试了，并顺利被录取。可惜，观众似乎并不买账，不久后她就被辞退了。

失去工作的艾伦很沮丧，这次轮到妈妈安慰她："我看过一句话，说每一次挫折都是一种成功。因为你在这次挫折里，明白了下一次怎样才不会重蹈覆辙。日积月累，挫折就成了成功的奠基石。"艾伦听进了这番话，第二天又鼓足勇气去找自己喜欢的脱口秀工作。

在艾伦不懈的坚持和努力下，终于找到了一家认可自己的俱乐部，并跟随剧组到美国各地演出。偶然的一次，她得知电视台要举办喜剧小品大赛的消息，就报了名。在这次比赛中，艾伦凭借自己的机智幽默和高超的表演夺得了冠军，赢得“全美最搞笑的人”的称号。从此，她的舞台转移到了电视台，从一个俱乐部的表演者升级为喜剧演员。

后来，艾伦凭借自己的主持特色，成为美国众多电视脱口秀节目争相邀请的搭档，她还出演了一些电影，只不过都是配角。1994年，艾伦出演了一部以自己名字命名的电视剧《艾伦》，她的戏剧才华得到了充分的展示，并荣获两项美国艾美奖提名。2003年，她凭借自己的实力争取到一档以自己名字命名的脱口秀节目《艾伦》，深受观众追捧。

如今的艾伦已经赢得了14个艾美奖，并成为福布斯全球名人榜上的人物。她今天的所有成就，都源自年少时候那段苦涩的时光，本是抱着给妈妈治疗抑郁症的初衷去学幽默、讲故事，却在日复一日的坚持中磨炼出了特有的口才技能。如果那时的艾伦过着和普通孩子一样的生活，不必去承受那些苦痛，或许也就没有后来的一切了。

维也纳心理学分析家海因茨·科胡特曾经说过：“假如一个人在成长的过程中经历了一些挫折，那么他就有了必要的心理准备，去面对未来生活的严酷现实；那些要什么有什么，在精心呵护中长大，从未经历过任何考验的人，由于没有学到应对困难的本领，很可能会因挫折而一蹶不振。”在后来的调查中，海因茨也证实了自己的推论，那些终有成就者，都是从挫折的荆棘中站起来的人。

如果生活只是晴空丽日而没有阴雨笼罩，只有幸福而没有悲哀，只有欢乐而没有痛苦，那么，这样的生活根本就不是生活。每个人都无法预知在未来的生活中会发生什么，但有权利选择自己对待意外的态度。你可以不喜欢挫折，也可以在遇到挫折的时哭泣，但决不能屈服，更不要去怨恨。挫折不总是无用的，当你把它视为一种砥砺时，挫折就会成为转折。

任何事情都要先往好处想

俄国文学家契诃夫在《生活是美好的——对企图自杀者进一言》中写道：

“要是火柴在你的衣袋里燃起来了，那你应该高兴，而且感谢上苍，多亏你的衣袋不是火药库！要是有穷亲戚上门来找你了，那你不要脸色苍白，而要喜气洋洋地叫道：挺好，幸亏来的不是警察！

“要是你被送到警察局里去了，那你就该乐得跳起来，因为多亏没有把你送到地狱的大火里！要是你挨一顿桦木棍子的打，就该蹦蹦跳跳叫道：我多么幸运，人家总算没有拿带刺的棒子打我。要是你妻子对你变了心，那就该高兴，多亏她背叛的是你，而不是国家。”

人的一生，难免会有坎坷，不可能一帆风顺。面对那些“坏”事，换个角度想想，消极之处就会被缩小，心情也会大不一样。这也正是世人所说的：“生活像一面镜子，你对它笑，它便回赠你微笑。”

一直以来，很喜欢小说《命运》的主人公翠花。她的一生充满了不幸，可她的心始终沉浸在希望的蜜汁中。当你的心情被灰色笼罩的时候，不妨去读一读翠花的人生，那里面藏着对生活最深厚、最豁达的爱。

19岁那年，翠花嫁给了邻村做生意的阿强。结婚不到半年，到邻省进货的阿强就人间蒸发了，再无音信。一时间，各种小道消息传出：有人说阿强被土匪打死了，有人说他被抓了壮丁，还有人说他病死他乡了……那时的翠花，已经有了阿强的骨肉。

阿强失踪几年后，村里人都劝她改嫁，失去了丈夫，孩子又那么小，日子如何过下去呢？翠花知道日子难，但她没走，说丈夫生死未卜，也许是在远方做大生意呢，指不定哪天就衣锦还乡了，她愿意等。在翠花的精心照顾下，孩子长得很好，这个家在她的支撑下，虽不富裕，但很温馨。

日子就这样过着，在儿子18岁那年，一支部队从村里经过。儿子参军走了，说他要到外面寻找父亲。没想到，和当年阿强去做生意时一样，儿子走后也是音信全无。有人告诉她，说儿子死在战场上了。翠花不信，一个好好的大活人，怎么可能说死就死呢？她觉着，儿子肯定没有死，说不定还当了官，等天下太平了就会回来看她。她还想，也许儿子已经娶了媳妇，生了孩子，回到的时候是一大家子人了。

这个美好的想法给了翠花无尽的希望。她比从前更勤劳，对生活更有热情，不仅下田种地，还做绣花线的小生意，奔走四乡，积累钱财。她跟村里人说，自己要盖一栋新房子，等丈夫和儿子回来的时候住。

有一年，翠花得了大病，医生说治愈的希望很小。可是，翠花最后竟然奇迹般地活了下来，她说自己不能就这么死了，儿子还没回来呢！然后，她就一直健康地活着，不停地念叨，儿子生了孙子，孙子也该有孩子了……想到这些的时候，她的脸上露出了绚烂的笑。

翠花最终活到了102岁。她是村里最不幸的人，却也是最长寿的人。

翠花的一生，很难用言语来评述。她遭遇的不幸，是常人难以体会到的。对于外界的流言蜚语，她未必真的不知，也未必猜测不到。只是，她不愿在事情尚未得到明确的答案时，让自己去相信最坏的结局。她的内心，始终朝着好的一面想，至少这样想来，她还有足够的勇气生活下去，还能对明天抱有一丝希望。靠着这种积极思维，她顽强地生存了下来，且一直笑到了百岁，没有让自己的一生在悲痛中沉沦。

卡耐基说过："如果我们有着快乐的思想，我们就会快乐。如果我们有着凄惨的思想，我们就会凄惨。如果我们有害怕的思想，我们就会害怕。如果我们有不健康的思想，我们就会生病。"

每个人都有忧伤痛苦的遭遇，只是表现出来的方式不一样而已，选择以冷漠待人，就会觉得生活充满枷锁；选择以热情待人，就会觉得生活像喷泉。生活不相信弱者的眼泪，它只会对积极的人微笑，在这个处处都有羁绊的世界里生存，唯有保持一份乐观的心态，才能不动声色地对抗世间所有的强硬。

最重的打击莫过于自暴自弃

每个人在生活中都不可避免会遭遇挫折，有些人能够很快地从困境中挣脱，有些人却在困境中沉沦，并将一切归咎于命运的安排，陷入悲观抑郁中不可自拔。真的是没有能力去摆脱糟糕的境遇么？未必！多数情况下，事情本身并不是那么可怕，真正击垮精神的，是甘愿被现实摆布的、自暴自弃的心态！

什么是命运？所谓命运，不过是存在于人们主观意识里的一种观念，仅此而已。即使命运真的存在，也不会受外在条件的制约和影响，能够左右命运的只有我们自己！

你若总是带着失望、内疚、消极的负面情绪，凡事任由其行，不做任何积极的努力，事情必然会朝着最坏的方向发展；你若怀揣热情、乐观、积极和坚定，这股积极向上的力量就会调动你的潜能，让你用超乎寻常的毅力和智慧去解决所有的问题。

生在美国的年轻上尉吉姆，父辈、祖辈都是为国捐躯的英雄。在他看来，自己的命运就跟祖先们一样，有朝一日战死沙场，身披国旗下葬。没想到的是，他在一场激烈的战斗中，被炮弹夺取了双腿，不得不用轮椅载着残缺的身躯离开战场。

原本英勇威武的战斗神将，突然变成了没有下半身的“废物”，这样的落差让吉姆绝望到了极点。他不止一次想到过轻生，可又担心用这样的方式结束生命，无颜面对天堂里的祖先。在痛苦和绝望中，吉姆堕落了。他整天醉生梦死，纵情取乐，花光了所有的积蓄，最后只能靠救济金勉强度日。

在那间狭小、破旧的房间里，吉姆每天都在痛恨自己，他憎恶那场战争，憎恶那些冷眼旁观的人，憎恶这座城市、这个国家，甚至憎恶那个曾经从沙场上冒着生命危险将他救回来的士兵。在他看来，若不是那个士兵，也许此时此刻的自己已经有了“烈士”的荣耀。

直到有一天，那个救过他的士兵突然出现在吉姆面前。吉姆把所有的不满都发泄到那个士兵身上，就像疯了一样，而那位士兵却真诚地说：“您永远都是我的上尉。”这个许久没有人再提起的称谓，重新唤起了吉姆的自尊和自信。

士兵告诉吉姆，他要到海边去捕虾，想邀请吉姆同去。吉姆犹豫了片刻，还是答应了。捕虾进展得并不顺利，身为新手的他们，行动上远不如那些经验丰富的渔民迅速。很多天过去了，他们几乎没有任何收获，但还是像站岗的哨兵一样坚守着自己的渔船。他们相信，胜利的曙光迟早会到来。

就在这时，一场突如其来的飓风改变了他们的命运。

在飓风袭来之前，一些得到消息的渔民早就采取了行动，将渔船开进码头躲了起来。也许是曾经亲临战场，看惯了生死，吉姆上尉根本没打算躲避这场灾难。当飓风到来之际，吉姆在雷电和风暴中，紧紧地攀附在桅杆上，一边向大海发出怒吼声，一边指挥着他仅有的一名“士兵”。在惊涛骇浪中，他们颠簸着、飘摇着，随时都可能被海浪覆盖……

不知过了多久，雨过天晴。人们惊讶地发现，所有停靠在码头上的渔船都被撞烂了，只有一条渔船幸存了下来，那就是吉姆上尉他们驾驶的那一艘。

接下来，事情发生了转机，吉姆上尉和士兵捕了很多虾，赚了很多钱，又买了更多的渔船，成立了他们的渔业公司。再后来，他们又投资了一家科技公司，赢得了丰厚的回报。几年以后，两个人都成了千万富翁。

对吉姆上尉来说，赚了多少钱并不重要，重要的是他重新找回了生活的勇气，依靠残缺的身体创造出了超乎想象的奇迹。当他再度回忆起那段不堪的往事时，他时常会对自己当初的自暴自弃感到后怕，如果真的就那样放弃了自己，怎可能会有现在这般奇妙的转变？幸好，在最艰难的岁月里，他没有堕落下去，而今也总算可以坦然地说一句：“我可以带着荣耀去见我的祖先了！”

从心如死灰到重燃希望，吉姆上尉的转变得益于士兵的鼓舞，但更重要的是他唤醒了内心的潜能，重新燃起对生活的希望和信心，让他惊奇地认识到，即便是在身体残缺的情况下，他依然可以获得成功，甚至比正常人做得更好。

磨难是酝酿智慧的土壤，是冶炼意志的熔炉，如果你一生的经历总是那么简单、顺利，你的潜力就难以挖掘，你的才能就难以展现。挫折是常有的，自暴自弃却是最糟糕的回应，在失败面前俯首称臣，在失败之后萎靡不振，等待你的将是更大的失败。

拿破仑·希尔曾经这样解释过人生的逆境：“那种经常被视为是失败的事，只不过是暂时性的挫折而已。还有，这种暂时性的挫折实际上就是一种幸福，因为它会使我们振作起来，调整我们的努力方向，使我们向着不同但更美好的方向前进。”

人可以失败，但不可以沉沦！命运如何眷顾，都不会怜悯一个悲观绝望的人，更不会去同情一个自甘堕落的人。不必祈求谁赐予你勇气，因为你本身就有在泥泞中重新站起来的能力！你要做的就是，拍拍身上的尘土，告诉自己：“我的生活还要精彩地继续！”

驱逐腐蚀性的消极思想

英国著名的心理学家哈德·菲尔德做过一个实验：在三种不同的情况下，让三个人全力握住测力计，以观察抓力的变化。实践证明：在清醒的状况下，他们的平均抓力只有100磅；当他们被催眠后，抓力就变成了29磅，仅有正常体力的1/3；当他们得知自己正在被催眠并赋予能量时，他们的平均抓力竟达到了140磅。

这说明什么呢？当人的心里充满积极的思想时，他会激发出更多的力量!

当记者在乔治亚州大西洋的一家旅馆的电梯里碰到班·福特生时，他正面带笑意地坐在电梯角落的轮椅上，看上去很开心。电梯停在他要去的那一层时，班·福特生问记者："您能否往旁边让一下，我想转动一下轮椅，麻烦您了！"说这话时，他露出一抹温和的微笑。

记者很想知道，这个坐轮椅的人如何会这样乐观？在他的追问下，班·福特生讲述了自己的人生经历。

"1929年，我砍了一堆胡桃树的树干，准备给我菜园里的豆子做撑架。当我开车拉着那些胡桃木树枝行驶在回家路上时，一根树枝突然滑到了车上，卡在引擎里，此时车子正在急转弯。就这样，车子冲出了路外，把我撞到树上，我的脊椎受了伤，两条腿都瘫痪了。那年，我只有24岁，从那以后我就再没有走过一步路。”

听到这儿，记者感到很震惊：“你才24岁就要被迫接受在轮椅上度过一生的事实，我真的很难想象，这需要多么大的勇气才能够承受？”

班·福特生说：“我不是一开始就接受现实的。当时，我心里充满了怨恨和痛苦，可时间一年一年过去，我发现怨恨并不能改变什么，反而让我产生了一种恶劣的态度。庆幸的是，大家都对我很好、很有礼貌，我意识到自己是不是也应该对别人礼貌一些。

“当我克服了悔恨和抱怨后，我的生活发生了改变。我开始看书，并对文学作品产生了兴趣。在14年的时间里，我至少读了1400多本书，这些书让我的思想境界得到了提升，也让我的生活变得更加丰富。除了看书，我还会听音乐，从前觉得烦闷的交响曲，现在却能听出感动，这真的很不可思议。

“最大的改变，是我终于能够静下心来思考了。平生第一次，我那么仔细地去看这个世界，并有了真正的价值观。我开始了解以往我所追求的事情，很大一部分并没有实际价值。我开始对政治产生了兴趣，开始研究公共问题，坐着我的轮椅去发表演说，由此结识了很多人，也让很多人知道了我。再后来，我就坐着我的轮椅，当上了乔治亚州政府的秘书长。”

人生就像是一场自己与自己的较量，陷入困境、遭遇不幸时，是用积极战胜消极，还是让消极吞没积极，直接决定着最后的结局。就像班·福特生一样，在失去站立的能力后，靠着坚强的意志彻底消灭了颓废的念头，用积极的心态扭转了人生的格局。倘若当时的他任由自己在消极中堕落，那么这份消极就会像苹果上发烂的部分，迅速把身上所有的积极能量都吞噬掉，待到那时，他的生活将难以想象。

一位女博士童年时遭遇家庭变故，之后不得不跟随祖母一起生活。她心里的痛苦和忧伤从来都无处倾诉，这使得她形成了内向孤僻的性格。虽然她在学习方面表现得很优秀，顺利考上了博士，可她的生活总是阴郁多于快乐。随着年龄的增长，接触的人和事越来越复杂，她内心的苦痛也开始加倍，不知如何排解的她只好偷偷求助心理医生。经过一段时间的治疗后，女孩的情况看似有些好转。正当医生决定为她做进一步治疗时，她却自杀了。

对于她的死，心理医生深感痛心，除了惋惜之外，还有些许内疚。事实上，他真的已经尽到了医生的职责。女博士最终没能走出童年时期的阴影，是她在和自己的战斗中输掉了生活的勇气。医生的治疗永远只是一个辅助因素，遇到这样的情况，想要彻底抹平心灵的伤痕，还要靠自身的毅力和信念，要善于借助美好的东西去打败消极的念头，当积极的思想占据上风时，整个人生才可能出现质的转变。

每个人的命运都是由自己创造的，你可以任由忧郁、痛苦、悲观、颓废将自己紧紧包围，也可以建造一个愉快、澄明、精彩的人生。想拥有后者，就要把腐蚀性的消极思想统统驱逐到心门之外，用希望代替失望，用积极代替消极，用自信代替怀疑。当你心中充斥着各种美好的事物时，你会获得一种前所未有的力量，它足以支撑你战胜生活中所有的障碍。

Chapter 6

停止喋喋不休，生活不相信抱怨

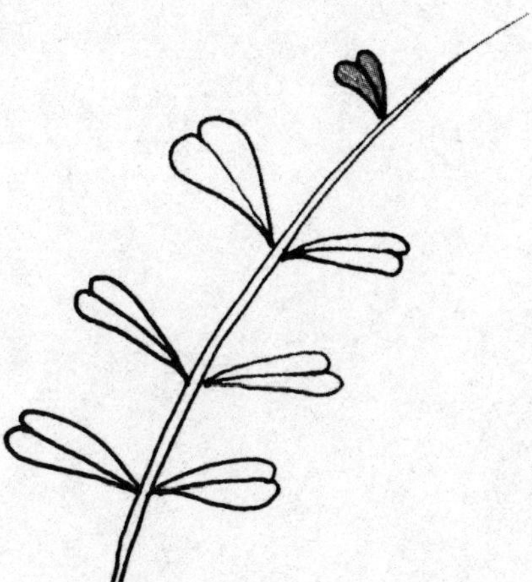

抱怨的背后，藏着懒惰与软弱

“凭什么他的工资比我多，职位比我高？”

“每天早起公交车太挤了，弄得人心烦意乱。”

“今天的午餐真是太难吃了，根本不值二十块钱！”

“为什么别人能幸福，我却遇不到真爱……”

这些话听起来是不是很耳熟？是的，抱怨的话几乎人人都说过，抱怨的人处处都有，被抱怨的事更是五花八门、杂乱不清。听着这样的言辞，让人觉得生活简直是一团糟，没有顺心的地方。更要命的是，抱怨者本身对于抱怨这件事秉持着孜孜不倦的态度，可以就某个话题无休止地抱怨下去！

那么，问题来了，抱怨真的只是控制不住情绪吗？抱怨的背后，到底是一种什么样的心理在作祟呢？在这里，很想谈谈爱尔兰现代主义剧作家塞缪尔·贝克特的名作《等待戈多》，这是一部很有代表性意义的悲剧，也能带给人不少启示。

故事发生在乡间的一条小路上，两个流浪汉在此等待戈多。至于戈多是谁，为什么要等他，他们自己也说不清楚。在等待中，他们没事找事，没话找话，吵架、上吊、啃胡萝卜……突然传来一阵响声，两人一阵惊喜，以为是戈多来了，却发现是空欢喜一场。夜幕降临，其中一个流浪汉提议离开，另一个人也同意了，可两人仍然坐着不动。

到了第二天，同样的时间，同样的地点，两个老流浪汉再次相遇，又开始重演昨天发生的事。他们重复前一天的言语和动作，没完没了地说话打发时间。到最后，其中一个流浪汉又提议走，另一个人也答应走了，可他们依旧像昨天一样，站在原地不动。

这幕荒诞剧借助两个流浪汉等待戈多，而戈多不来的情节，暗喻人生是一场无尽无望的等待。可把这个情节延展一下，放在抱怨者身上，却发现有着惊人的相似之处，那就是所有的抱怨和批评，都没有实质性的见解，也没有采取要改变现状的行为，只是站在原地不停地重复着同样没用的话。

从这里我们不难看出，抱怨的背后隐藏着很多不为人知的内幕。也许，最开始只是一种倾诉，为了减压、排解苦闷，看似是对现实生活不满，实则是对自己不满，抱怨的背后是在说："为什么我总是这样？为什么我不能更好一些？"

带着这样的心理，势必会生出一些焦虑，要通过抱怨的途径来获得他人的安慰。在抱怨者看来，整个世界都是灰色的，仿佛自己是最不幸的那个人。事实上，听者很清楚，这不过是夸张的描述，与现实不符，正因为此，听得多了就会感到厌烦。

抱怨的人不停地责备外界环境或是他人，其实是在申诉自己内心的某种需要，但又不会通过其他方式来表达，就把大量的时间和精力都用在了抱怨和引人注意上。对于抱怨者，倾听的人最初会采取给予建议的方式来对待，就像《等待戈多》里那个提出离开的流浪汉一样，可时间久了却发现，抱怨者只是用耳朵听，根本不会采纳，也不付诸行动，只是重复抱怨。

看到这里，你可能也明白了，抱怨的本质不在于某一件事，而在于抱怨者内心的软弱和行动力的匮乏。就算他们抱怨的A事得到了解决，接下来他们还会为了B事和C事继续抱怨，就像《等待戈多》里不断重复的场景一样。

作家六六在一篇文章中写到这样的话："研读马云的人生，在前37年里，他的人生就充斥着两个字：失败。37岁后，他突然飞黄腾达了，秘诀就是四个字：永不抱怨。"

若说抱怨，马云应该比任何人都有资格去抱怨，毕竟他失败了那么多次，可他没有那么做。相比之下，芸芸众生中的大多数，又是怎么做的呢?

2013年一项涉及5000人的调查显示，65.7%的人每天抱怨的次数在1~5次，13.8%的人每天抱怨6~10次。近八成的人抱怨仅为发泄内心苦闷，九成人对自己的抱怨行为深恶痛绝：体制内的公务员抱怨禁令之下福利少了，工资太低；体制外的白领抱怨没保障；年轻人以蚁族自嘲，抱怨"土豪"们占据太多社会资源；中年人抱怨上有老、下有小，生活压力大；老年人抱怨看病贵、看病难……

没有谁的生活是容易的，你所看到的“幸福的人”，也不过是背负着你不曾看到的辛酸。生活的本质就是不断地去解决问题，一个接着一个，对任何人而言，绝无例外。记得剑桥有一本书里是这样写的：“我以为有钱人会过得比我们充实，我以为物质上都满足会没有烦恼，我以为一切外在都拥有就不再忧愁，其实呢？原来并不是，他有一切让人羡慕的东西，可是他从未有过开心快乐；他有钱有车有地位，却没有一个可以说话的朋友……”

抱怨这件事情就像一个无限循环小数9.999999999……即使将小数点后的数字重复一万遍，也永远无法达到10的目标。软弱无能的人，只想着重复这样的无用功，白白地浪费时间。真正的勇者，懂得鼓起勇气正视现实，用积极的态度和行为去扭转自己的命运。

幸与不幸，全在内心的态度

威廉·詹姆斯说："我们所谓的灾难很大程度上完全归结于人们对现象采取的态度，受害者的内在态度只要从抱怨转为奋斗，坏事就往往会变成令人鼓舞的好事。在我们尝试过避免灾难而未成功时，如果我们同意面对灾难，乐观地忍受它，它的毒刺也往往会脱落，变成一株美丽的花。"

如果你想抱怨，那么生活中的一切都能成为你抱怨的对象；但如果你不想抱怨，生活中的一切都有值得欣赏的地方，哪怕是苦难，哪怕是伤害，最终都会成为上天赋予的礼物。

商业富翁威尔逊先生，从前只是一个普通的事务所小职员，经过多年的奋斗，他一步步走到了现在，拥有了属于自己的公司、办公楼，并赢得了人们的尊重。

有一天，威尔逊先生从他的办公楼走出来，刚到街上就听见身后传来"哒哒哒"的声音，他听得出来，是盲人用竹竿敲打地面发出的声响。威尔逊先生愣了一下，缓缓地转过身。

盲人感觉到前面有人，立刻打起精神，说道："先生，您一定发现了，我是一个可怜的盲人，能否占用您一点儿时间呢？"

威尔逊先生说："我要去见一位重要的客户，你想要什么就快说吧！"

盲人在包里摸索了一会儿，拿出一个打火机，递给威尔逊先生，说："先生，这个打火机只要1美元，这可是最好的打火机啊！"

威尔逊先生听后，从口袋里掏出一张钞票递给盲人："我不抽烟，但我愿意帮助你。这个打火机，也许我可以送给开电梯的小伙子。"

盲人用手摸了一下那张钞票，竟然是一百美元。他的手不禁有些颤抖，似乎不敢相信这是真的，又反复地抚摸着那钱，嘴里连声感激道："谢谢您，您真是我遇见过的最慷慨的先生。仁慈的先生，我为您祈祷，上帝保佑您！"

威尔逊先生笑了笑，正准备离开。突然间，盲人拉住了他，喋喋不休地说："您知道吗？我不是一出生就看不到，都是23年前布尔顿的那次事故，太可怕了。"

威尔逊先生一愣，问道："你是在那次化工厂爆炸中失明的吗？"

盲人仿似遇到了知音，连忙点头，"是的，您也听说过？这也难怪，那场事故炸死了93个人，炸伤了好几百人，可是头版头条啊！"

盲人想用自己的遭遇博得对方的同情，多得一些钱，他继续可怜地讲述："我太可怜了，到处流浪，无依无靠，死了都没有人知道。您不知道，当时火一下子冒了出来，就像从地狱里出来的一样，逃命的人都挤在一起，我好不容易冲到了门口，可是一个大个子在我身后喊道'让我现出来，我还年轻，我不想死'。他把我推倒了，踩着我的身体跑了出去。我丧失了知觉，等我醒来的时候，我已经什么都看不见了。"

威尔逊先生的脸沉了下来，他冷冷地说道："事实恐怕不是你说的这样吧？"盲人一愣，接着听到威尔逊先生讲了一段令人震惊的话。"当时，我也在布尔顿工作，是你从我的身上踩过去的，你长得比我高大，你说的那句话，我一辈子都忘不了。"

盲人愣在那里好半天，然后一把抓住威尔逊先生，哈哈大笑，说道："命运啊！这就是命运啊！太不公平了。你没跑出去，可你现在出人头地了；我跑了出去，可现在成了一个可怜的乞丐。"

威尔逊先生推开盲人的手，举起手中精致的棕榈拐杖，平静地说了一句："你大概不知道，我也是一个盲人。你相信命运，但我不信。"

在同样的遭遇面前，有人靠自己赢得了成功，有人却沦落到靠乞讨为生。从威尔逊先生和盲人乞丐说的话里，便能知道两者的区别在哪儿。你屈服于命运，抱怨不幸，那就只能躺在不幸中哀号；你接纳现实，与命运抗争，便能够尽己所能创造奇迹。

生活的旅途不可能是平坦的，高低起伏是再正常不过的事，陷入低谷时就一味地抱怨、烦恼，哭诉生活的不公，怨怼周围的环境，沉溺于其中无法自拔，除了让自己坠落得更深以外，再无其他用途。更糟糕的是，抱怨的情绪还会破坏原本积极的潜意识。

想想看，当你的头脑里出现抱怨的想法时，你是不是会在不知不觉中停下或放慢手中的工作，觉得对什么事都提不起兴致，满脑子都在为自己鸣不平？就算是很简单的一件事，在带着怨气去做的时候，也会烦躁不安，甚至做得一塌糊涂？事实上，这就是抱怨最可怕、最毁人的地方，它会无声无息地削弱你的意志和能力，让你的人生在抱怨中毫无作为。

至于那些成功者，能把日子过得风生水起的人，并不是他们有多幸运，而是他们从不抱怨。即便你把那些束缚着抱怨者的事情加诸他们身上，他们也会冷静地去看待，理性地去处理，乐观地去改变，最终打破枷锁，成就精彩的自己。

世界本不公平，你得适应它

比尔·盖茨曾经给年轻人提出过11条发自肺腑的忠告，其中第一条就是："世界充满不公平，你不要想着去改造它，而是要去适应它。"

这是一句很值得玩味的话，他直截了当地告诉你，这个世界就是不公平的，不要再把"凭什么""为什么"挂在嘴边，无休无止地去抱怨。

当一个人把抱怨当成了改变现实的手段时，就会充满愤怒的情绪，通过发泄不满、找到不公平，为自己的不努力、不作为寻找借口，把自身的一切遭遇都归咎于外界，认为很多事情怪不得自己，全是别人的错。真正有意义的做法，是努力去适应环境，创造让自己生存下去的条件，在不公平中活出自己最好的样子。

夏洛蒂出生在二战时期的南美，她的父亲是个善良的农场主，母亲是个朴实的女人。夏洛蒂还有一姐一弟，这个家充满了爱和温馨。后来，夏洛蒂和姐姐长成了大姑娘，也各自有了心上人，美好和幸福就在前方等着她们。

然而，命运给予人们的不可能永远都是美好和幸福。就在夏洛蒂16

岁生日那天，北美传来了可怕的消息，二战爆发了。村里的所有青年男人都报名参军了，夏洛蒂和姐姐的心上人也在其中。原本要跟夏洛蒂举行订婚仪式的罗尔特匆匆吻别了夏洛蒂，一走就再无音讯。

几个月过去了，村里出现了很多从前线回来的伤病员。夏洛蒂和姐姐焦急地等待着，等来的却是她们心爱之人的遗物。罗尔特给夏洛蒂的遗物中，夹着一封信，信上写道：

“我亲爱的夏洛蒂，当我给你写这封信时，我正躺在北美战场的一个战壕里，我们的部队跟敌人打了一个日夜，大部分的战友都牺牲了，此刻的我能够闻到空气里飘满了鲜血和泥土混杂的味道。或许，下一刻我也会跟战友们一样，为了祖国奉献身躯。但我并不害怕，作为男人，这是我的使命和责任，也是为了你，我亲爱的夏洛蒂。

“请你相信，战争一定会结束，假如我能活着回到你身边，我一定会让你做个幸福的女人。假如我不能，不管怎样你都要坚强。想着我还有那么多人用生命换来的生活，你也要坚强幸福地活下去。今后的日子，我会在天国祝福你。吻你，你的罗尔特。”

夏洛蒂看着信，泪水不自觉地涌出。从那以后，夏洛蒂再也没有哭过一次，短短半年里，整个村子和整个南美到处都被死亡的阴影笼罩着，所有人都很害怕。夏洛蒂和姐姐失去了心爱的人，无比痛苦，但这还只是一个开始。不久后的一天，她们的父亲为了救一名伤员，不幸牺牲。母亲无法承受失去丈夫的打击，彻底崩溃了。

此时，勇敢的夏洛蒂扛起了整个家庭的重任，她料理父亲的后事，指挥家里的佣人，照顾生病的母亲，关照年幼的弟弟，安慰软弱的姐姐。16岁的她，面对残酷的战争，带着满心的伤痕，坚强地度过了那段可怕的岁月。

战争结束后，灾民们抱怨上帝的不公，抱怨命运的不济。夏洛蒂母亲的病渐渐好了，但她失去了正常人的意志，无法正常生活。幸运的是，夏洛蒂的姐姐在她的带动下，开始帮助母亲照顾弟弟。当多数人都在战争的阴影中抱怨时，残败的街道上竟然出现了一家生意兴隆的家具店，这家店面的主人，正是年满20岁的夏洛蒂。

要做一个快乐明朗的人，就要摆脱抱怨的情绪，用一颗成熟的心去对待生命中不可更改的事实，用一颗包容的心去对待爱与不爱的人，用自省替代喋喋不休的指责，用感恩化解心中压抑的嗔怨。抱怨不如修炼，走出抱怨的人，心宽路也宽。

抱怨别人，不如改变自己

北京未名BBS上，曾经出现过这样一个帖子：

“我没有钱，我只有花样的年龄，未加修饰的容貌。我每天穿着朴素的衣服，站在花枝招展的同学中间。我每周都要坐4小时的公交车，去给那个高傲的小女孩做家教。她有钱，可是连水都不想给我喝。我的家庭很穷，我妈妈每天割猪草，双手布满老茧；我的父亲风烛残年，可还要在建筑工地打工，为了我的学费。我不期待爱情，我没有衣服、没有化妆品，我的电脑也是二手的，所以我恨这个世界……”

看到前半部分时，很多人还为之鸣不平，为她靠自己的能力赚钱读书的行为而感动。可是越往后看，越觉得不对劲儿，楼主所说的一切不过是在发泄内心的一腔怨气。她在抱怨人与人之间的不公平，抱怨家境的贫寒。母亲手上的老茧，风烛残年还在外打工的父亲，原本都应该是她上进自强的动力，她却为此感到愤愤不平，憎恨自己的出身。

记得一位名人说过：“有所作为是生活的最高境界，而抱怨是无所作为，是逃避责任，是放弃义务，是自甘沉沦。无论遭遇什么样的处境，如果只是喋喋不休地怨天尤人，那么注定于事无补，还会把事情弄得更糟，而这也绝不是我们的初衷。无论如何，我们都不应该怨天尤人，而是要靠自己改变生活并获得幸福。”

就女孩的经历而言，她能从偏僻的农村，经过自身的努力考入大学，实现自我奋斗的价值，本是一件很美好的事。毕竟，在分数面前人人平等，生活给予了她脱离贫穷生长环境的机会，她也用努力证明了自己的实力，真的无须抱怨。就算买不起漂亮的衣服、化妆品，但也不过是暂时的，将来真正踏上工作岗位，也可以靠着自己的能力争取想要的生活。

面对不同的境遇，怨天尤人没有用，每一种成长经历都能给予我们意想不到的收获。生在贫困的家庭，虽然无法从父母那里享受到优越的物质生活，可它也能培育我们坚韧自强的个性，这又何尝不是一种恩赐呢？遇到问题的时候，不要只顾着抱怨，要学会改变自己的思维方式，努力去发现和营造美好。

我们处于某一个水平线上的时候，我们的能力也在那条线上。若想让自己爬上更高的台阶，就得着手改变自己，提升自己的能力，而不是去抱怨那个台阶为什么不肯降低到自己面前。任何时候，想要改变境遇，都得先改变自己。

三个年轻人一同进入一家公司做职员。

A是个自负的人，他觉得自己满腔抱负没能得到上司的赏识。他总是想：如果有一天我能够遇见老总，在他面前展示一下自己的才华就好了！

B也有和A一样的想法，但他试着做了一点“工作”。他向人询问老总上下班的时间，算好老总大概何时进电梯。他每天都在这个时候去坐电梯，希望能够遇到老总，有机会打个招呼，给对方留个好印象。

C同样也渴望能够在老总面前表现一番，而且他也为此做了更多的努力。他详细了解了老总的奋斗历程，弄清楚老总毕业的学校、人际风格，以及个人喜爱，并精心设计了几句简单却有分量的开场白，在算好的时间去乘坐电梯。跟老总打过几次招呼之后，他终于有机会和老总进行了一番长谈，而且不久之后就争取到了更好的职位。

美国成功哲学演说家金·洛恩说："成功不是追求得来的，而是被改变后的自己主动吸引而来的。"面对不顺与不公，如果你肯适时地改变一下自己，就会发现，那些令人感到"厌烦"的东西，其实也有自己从未了解的另一面，真正羁绊和束缚我们的，从来都不是外界的环境与人，而是我们自己的看法。

多给自己一些正面的暗示

我们的想法创造了我们的世界，我们的思维方式和内心的景象决定了我们要过的生活，人的心灵，有着无比强大的力量。心绪，影响着行为；行为，又影响着人生。可以说，命运是情绪和心态的产物，若把生活比作电影，那么这场电影的导演，就是我们自己。

同时，我们的语言也在影响着我们的思想和情绪。如果时刻给自己鼓劲，灌输积极的内容，那么内心就会变得强大；如果每天借助语言的力量，将自己思考的重点全部致力于那些不顺心的事情上，实际上就是在给自己的潜意识里灌输负面信息——我是不幸的，我是倒霉的，我没有能力，我不行。慢慢地，这种信息就会让人真的相信自己是个可怜的人。

也许有人会反驳："我并不悲观，我只是想发泄一下情绪而已。"

哲学家厄尔·南丁格尔曾经说过一句话："我们拥有的一切都是自己造成的，可是只有成功者会这样承认。"失败的人永远都不会承认失败是自己导致的，只会通过抱怨推卸责任，认为是命运的捉弄。这种抱怨的习惯也让他们相信了，是别人让自己变得"倒霉"，自己无力改变现状，只能发两句牢骚抚慰一下自己。

可是别忘了：你才是自己人生的导演，生活的剧本由自己来写，你想要的一切也都要依靠自己来创造。思想的力量是强大的。每个人都在时刻用自己的“思想”创造自己的人生。当我们用积极的思考代替抱怨，相信自己会有好运，相信自己的人生不会一直阴暗，就能拨开云雾见青天。

詹姆斯·纳斯美瑟少校是个高尔夫球爱好者，他一直都渴望自己的球技能有所突破。七年前，他的水平与那些业务爱好者差不多，成绩在90杆左右，属于中上游水平。后来，他有七年的时间没有再碰过球杆，但他的球技却突飞猛进，达到了惊人的水平。第一次复出，他便打出了74杆的好成绩。他是如何做到这一点的呢？答案一定会令你瞠目结舌。

这七年来，纳斯美瑟少校一直在越南的战俘营中。而且，有很长一段时间，他都被囚禁在一个四尺半高、五尺长的笼子里。那时候，他是孤独的，没有人与他交谈，也没有任何的体能活动。之前的几个月，他一直都渴望脱身，什么事也没有做。后来，他感觉自己快要支撑不住了，于是就想到“必须做些什么”，这种想法占据着他的内心，让他支撑下去。

冰冷狭小的笼子是他身体存在的世界，但他的思想没有被禁锢。他在心中一直想着自己喜爱的高尔夫球，在想象中打起了高尔夫球。每天，他都幻想着自己在高尔夫乡村俱乐部打18洞。他仿佛看到自己穿着高尔夫球装，闻到花草树木的气息，感受不同的季节和天气。在他的想象中，一切都是那么真实……他感觉自己手握着球杆，练习各种挥杆与推杆的技巧。他甚至能看到球落在修整过的草坪上，跳了几下，滚到他所选择的特定点上。一切都在他心中发生。

尽管在真实的世界里，他无法走动，但他的心没有失去方向，一步步地向着那个小白球走去。他在心中打完18洞的时间与现实中一样，每个细节都没有省略，一次失误也没有。就这样，每天十几小时的时间，18个洞。七年来，他看似什么也没做，但在心里他坚持每天打高尔夫球，从未停歇。终于，在重获自由之后，他奇迹般地打出了74杆的好成绩。

詹姆斯·纳斯美瑟少校的成功再一次印证了思想的威力，以及积极暗示的效用。如果他在笼子里怨天尤人，选择放弃自己，别说让自己的高尔夫球技大幅提升，就连能否度过战俘营里九死一生的日子也很难说。与纳斯美瑟少校相比，我们的现状一定比他当年在笼子里度日好过千倍万倍。他都能够通过制造“心像”暗示自己，你又有什么理由抱怨呢?

当我们对外部的环境感到无力时，不要抱怨，更不要放弃，要积极培养自我的心灵自由，将自我引向积极和美好的一面。在内心里积聚力量，等待时机，最终为自己赢得好的外在环境。记住：你有选择的权利，也有选择的力量，只要你的潜意识里接受了积极的东西，你便会成为一个积极向上的人，而你的工作和生活也会随之发生改变。

碰到问题时，先反省自身

W的父亲曾在机关单位担任要职，家境还算不错，退休后下海经商，不料赔了一大笔钱，家里的生活从此也变得拮据起来。W从小娇生惯养，习惯了向家里伸手要东西，一直游手好闲，没有一份合适的工作。

遭遇了这样一场家变，W意识到自己也该为家里做点什么。父亲依靠着以前的关系，给W找了几份还算不错的工作，可是每份工作做不了多久，他都被单位婉言回绝。W心里怨气很大：为什么自己那么努力，还是不被人接受？

想必很多人都有过这样的怨念：自己很上进，在行动上也很努力，却总是屡屡碰壁，始终找不到理想的工作。一次次的失败让内心大受打击，忍不住抱怨这个世界上没有伯乐赏识自己，抱怨自己生不逢时。

说实话，真的是运气不好、生不逢时么？在你觉得自己尽了力，但命运依旧重重压在你身上，让你不得翻身的时候，你该想想，到底是什么阻碍了你的前进？你身上是不是真的存在某些问题需要修正呢？

抱怨别人不承认自己，埋怨社会中的机遇太少，这些都只是借口。不管什么时候，真正的人才都不会被埋没，关键是要先有真正的“才”

让人“遇”；想要得到他人的承认与重用，必须有鹤立鸡群的资本。

抱怨的人总是习惯把问题归结到别人身上，认为自己是无辜的受害者，他人才是问题的制造者。殊不知，问题的98%都是由自己造成的，这就如同泰戈尔所言：“我们错看了世界，却反过来说世界欺骗了我们。”

Y是一所名牌大学人力资源管理专业毕业生，在学校的表现一直很好，毕业后与现在的公司签订了三年的合同。虽然已经工作了一年，但她一直都只是个人事助理，心里有点不甘。刚刚晋升的人事主管是专科毕业生，比Y早来公司两年，但Y觉得自己完全能够胜任这一职位，没想到经理却选择了对方做主管。

这件事在Y心中纠结了一个星期，她抱怨上司埋没自己，不善用人才。一气之下，她交了份辞职报告。

经理问Y：“你觉得应该得到重用，那你告诉我，你现在都能够做什么？”

Y说：“我担任人事主管这一职位绝对没有问题。”

“好，那么你说说，人事主管都负责什么工作？对待个人面试和集体面试，又该注意哪些问题？在招聘的时候，该如何判断和选择一个人是否适合那份工作？”

“人事主管就是主管整个人事部的工作……招聘的时候，我……”Y感觉自己说得不是很有底气，但她没觉得有什么问题，只是心里嘀咕着：“又没有让我全权负责那些事，我怎么知道呢！等我做了主管自然就都清楚了。”

经理说：“Y，我知道你是个上进的人。人事部的一些事情交给你，你都能够执行得很好。但是，这还不够。我刚刚问你人事主管的职责，你都没能正面回答我。你现在做的只是一些辅助性的工作，很多面试的技巧和方法，以及与人沟通的方式，你还需要学习。主管不是说做就能做的。这两年，你只满足于执行指令，你是个不错的执行者，但对于统筹整个部门而言，我在你身上还没有找到满意的答案。”

经理的这番话，让原本底气十足、自恃才高的Y不好意思地拿回了辞职信。

有时候，我们觉得自己行，却不一定真的行。就工作这件事，说得再好也都是纸上谈兵，若没有实际的经验，就无法证明你的实力。如果你现在业绩平平，没有展现出身上的亮点，那么“怀才不遇”就是你一厢情愿，就是你自我陶醉。生活在这个世界上，我们要学会去适应环境、适应工作，而不是让它们主动来符合我们的需要。

美国总统富兰克林每天晚上都要自我反省。他说自己犯过十三项严重的错误，其中三项是：浪费时间、关心琐事和与人争论。睿智的他明白，若不改掉这些缺点，难以成就大业。所以，他决心一周改掉一个缺点，每天进行记录，一直持续了两年之久。

所以，当我们遭遇令自己不快的事情时，不要急着去抱怨，先从自己身上好好地寻找原因。在同样的环境里，有人一直喋喋不休地抱怨，有人却能淡然处之，那么原因或许就出在自己身上。只有善于自省，才能有效地掌控心绪，让人生更完善、更圆满。

换一种心态去看待是非

美国哈佛大学的罗伯特博士曾经做过这样一个实验：

他首先选定了三组学生和三只完全一样的老鼠，接着又对三组同学分别进行了交代。

他对第一组学生说："这是一只非常聪明的老鼠，你们必须在六个星期的时间内把它训练好，让它在最短的时间内冲出迷宫。你们可以在迷宫的终点处放一些乳酪，以此对老鼠进行鼓励。"

他对第二组学生说："这是一只普通的老鼠，智力平平，希望你们能够在六个星期的时间内把它训练好，但它能否顺利走出迷宫谁也不敢保证。你们也不要抱太高的期望，在终点处随便放点乳酪就行了。"

他对第三组学生说："这只老鼠反应不太灵敏，通过六周的训练让它走出迷宫有点难。但你们还是试试吧，终点处也没必要放乳酪。"

六周的训练很快便结束了。最后，第一只老鼠很快便走出了迷宫；第二只老鼠虽然也冲出了迷宫，但用的时间略长；第三只老鼠在迷宫里面乱撞，始终都没有走到终点。

最后，罗伯特博士告诉做实验的同学：三只老鼠出自同一窝，智力上也不存在高低之分。

问题出现了：为什么三只一样的老鼠，进行同样的实验，结果却大不相同呢？这就在于罗伯特先生的引导让三组同学产生了截然不同的态度。讲述这个实验的目的是想告诉大家：以不同的态度去面对一项事物，结果必然不一样。人们之所以会产生截然不同的态度，也是因为在无形之中给自己戴上了有色眼镜。

世界上每件事情的发生，总会有它的原因，我们不应该主观地去看待问题，也不能将责任全推到别人身上，应该想想自己有没有做得不妥之处。真遇到需要解释的事，试着让心情平静下来，就事论事，不去歪曲它。这样的话，周围的人也会愿意和你沟通相处，心平气和才是“讲道理”的表现。

同在一家公司工作的Q和S每天都很忙，她们正在为竞争一个经理的位置做准备。虽然Q的实力比S更胜一筹，但因为S是老板的亲戚，最后S在竞争中胜出。不少同事私下都觉得Q有点亏，可Q却没有一句怨言。她不带任何情绪地接受了事实，并承认S是个优秀的人，能力也很强，还带头向S表示了祝贺。

Q的大度令S很感动，也令其他同事很佩服。在这一年的绩效考核中，Q是部门中成绩最高的，因此获得了出国进修的机会。

对于发生在身边的很多事情，并不是一定要论高低、拼输赢。生活需要的是一种平和，要拿得起，还要能放得下，稳定的情绪、平和的心态，是成功和幸福的重要保证。与其在痛苦中抱怨，不如坦然地去看待。

心存感恩，便觉得无可抱怨

花园里生长着一棵橡树，它一年比一年长得高大粗壮。橡树的树冠遮天蔽日，浓密的叶子挡住了周围所有树木的阳光。看着自己日渐强壮的身躯，橡树的内心涌起了一股优越感，对其他树木的态度也变得傲慢起来。

一天，橡树用轻蔑的口气对旁边的小树喊道："快把我身边这棵丑陋无比的榆树砍掉，我实在不想看见它了。"于是，那棵可怜的榆树还未弄清楚是什么原因惹得橡树厌恶，就被砍倒在地了。

过了几天，橡树又突然发起脾气，抱怨脚边的无花果树碍眼，说它虚伪，总是仗着自己能结果就耀武扬威。很快，无花果树就遭到了和榆树同样的结局。

妄自尊大的橡树变得愈发挑剔和过分，只要看到身边的树就觉得烦躁。它不停地摇晃着树干，嘴里还傲慢地说："把这些树都给我砍掉。"最后，正如它所愿，周围所有的树木都被砍掉了，只剩下它一棵。那些被砍的树木，在心里都恨透了橡树。

某天夜里，狂风四起，因为没有其他树木的遮挡，骄傲的橡树遭遇了狂风的凌虐，它努力把树根扎进泥土里，可终究还是被狂暴的风连根拔起了。第二天，还存留着树根的树木看到橡树的时候，它已经连维持生命的根都没有了，只剩下一副躯壳，可怜地躺在那里。

原本郁郁葱葱的花园，只因橡树看不惯身边的树木，便令所有树木遭受了被砍倒的命运。不过，被砍掉的树木还算幸运，没有了繁茂的枝叶，至少还留着生命的根基。然而，少了其他树木帮衬的橡树，面对狂风的肆虐，它所有的傲慢、所有的不屑一顾，都随着风被连根拔起，彻底结束了生命。

从某种程度上说，人和树木是一样的。谁也不可能单独存活于世，生命的精彩向来不是单调的，无论朋友还是敌人，都是生活的组成部分，感恩他们的存在，换来的是喜爱和支持；倘若不停地与人结怨，最终毁掉的只有自己。看到橡树的言行便能想象得出，一个人若总是傲慢无礼地对人，对谁都看不惯，满心嗔怨，纵然她长得再好、条件再优越，也不过是金玉其外罢了。

海伦·凯勒在其著作《假如给我三天光明》中这样写道："有视觉的人，他们的眼睛不久便习惯了周围的事物，他们实际上仅仅注意令人惊奇和壮观的事物。即使他们观看最壮丽的奇观，眼睛都是懒洋洋的。"

如果你懂得感恩，你就会觉得每个清晨都是美丽的，迎着朝阳出门，伴着熙攘的人群走向自己的工作岗位，为了美好的生活去奋斗；如果你内心充满抱怨，每个清晨你都会烦躁地想"为什么要早早起床""一路上那么拥挤""今天还有那么多烦心的工作""生活真是很糟糕”……同样的情形，心态不同的人看起来就是不同的画面。

一位退休的公交司机，站在曾经与自己朝夕相处的公交车面前鞠躬道别，在场的所有人都感动不已。这是一位敬业的女司机，她在公交车上度过了32个春秋，将自己最美好的年华都奉献给了公交事业。同事们总是亲切地称呼她“老婆儿”。

谁都知道，公交司机是个辛苦的工作，每天起早贪黑，不能够多喝水，还要长时间驾驶，很容易导致腰肌劳损，可她却在这个岗位上连续工作了32年。这32年来，她一共开过三辆新车，每一次都将车开到退役，期间她从未被乘客投诉过，也从未发生过一次交通事故，每年公司的优秀员工名单中都有她的名字。

在她即将退休的最后一次行车的时候，一位老乘客特意在车站等着她，为她送上一束鲜花。尽管她每天回到家时都非常疲惫，可她从来没有过一句抱怨，她非常快乐，经常给家人讲述车途中发生的故事。为此，儿子还给她起了一个雅号——快乐的驾驶员。

有人问她：为什么总是这么快乐？她动情地说：“我总觉得，工作是上天赐给我的礼物，让我每天都能接触很多的乘客，帮助他们解决问题，也结交了很多朋友。”

当一个人真心感恩时，会觉得很多抱怨都是无谓的，很多烦恼都是自找的，很多困难都是可以征服的。时刻把感恩记在心里，会让我们变得宽容、平和，能够接纳更多的人和事，某一个不经意的瞬间，我们的生命就可能因为懂得感恩而得到里程碑式的提升。

Chapter 7

推倒自卑的情绪，每个人都不完美

人人都会有一点自卑情结

1951年，一个叫弗兰克林的英国人，从自己拍得极好的DNA的X线衍射照片中，发现了DNA螺旋结构。之后，他针对这次发现做了一次演讲。可是，由于生性自卑，又不敢肯定自己的假说完全正确，他最终放弃了这个假说。

时隔两年，科学家沃林和克里克也从照片中发现了DNA的分子结构，并提出了DNA双螺旋结构的假说。这一假说的问世，迎来了全新的生物时代，他们两人也因此获得了1962年的诺贝尔医学奖。

如果弗兰克林多一点自信和坚持，对最初的假说进行深入研究，那么这个伟大的发现很可能就会以他的名字载入史册。毕竟，以学识和才能来说，弗兰克林并不逊色于沃林和克里克，可惜的是，他一直被自卑的情绪笼罩着，不相信自己的假说，最终与成功失之交臂。

自卑，是一种自我怀疑、自轻自贱的心理感受。从理论上来说，每个人的内心都有自卑情结，至少它曾在人的潜意识里存在过。这种心理通常会让人在做事时缺乏自信，怀疑自己的能力，甚至觉得自己根本无法完成具有挑战性的事物。同时，自卑的人往往都伴随脆弱的自尊心，私下里很在意他人的评价，这也在无形中阻碍了个人能力的发挥。

人的一生都是在努力追寻内心的理想图景，都在努力描绘脑海中为自己设定的“画像”，你认定自己是什么样子，那么你一生中所达到的顶点，也会被锁定在你的预想范围内。事实上呢？当你甩掉自卑的情绪，满怀自信地去争取一切时，你能做到的远远超乎你的想象。

NBA巨星科比，永远是被对手重点防守的对象，即便如此，他依然能够超越阻碍，轻而易举地得分。这其中有什么秘诀吗？究竟是天赋使然，还是技能娴熟所致？看过科比早年的这段经历，你也许就知道答案了！

第一次参加教学比赛时，科比的心里惴惴不安，紧张至极。但是，教练用平静而严厉的语气告诉他：“必须得学！”他知道教练的性情，就像西点军校的教官一样，杜绝听到任何借口，他的口头禅是：“我要的是那个问题，不想听到你没有回答那个问题的任何理由。”

训练是极其辛苦的，科比偶尔也会诉苦，说自己练了10小时，有点儿累了。教练总是表现得很冷漠，狠狠地说道：“这对我来说没有任何意义。我要的是你能理解和执行我的战术，你可以不去学，也可以练上15小时，那是你的事情，我要的是结果。”

教练的严苛要求一度让科比觉得难以承受，可他还是坚持了下来，并从中得到了收获。至少，他拥有了莫大的勇气，对教学比赛不再心存恐惧。但是，问题并没有就此结束，接下来发生的事，让科比更为苦闷。

那天，科比正在进行教学比赛，突然间，教练在大庭广众之下喊了科比的名字："科比，不对！"听到这样的声音，科比顿时懵了，在球场上不知所措。更要命的是，这样的喊叫竟然出现在科比认为最该出手得分的时候。可是再怎么不愿意，他也得停止进攻。

教练喊他下来，科比刚落座，就被指责糟糕透了。这样的批评让科比觉得莫名其妙。就在此时，另一位队友也遇到了和他一样的情况，被教练喊了"不对"，可他就像没听见一样，并没有理会教练，直到打完为止。结果，当那位队友坐下来休息时，教练就像变了一个人，给他的评价竟然是"非常好"。

科比的心里很恼火，他跟教练理论："我和他打得一样，你却说不对，这不公平。"

教练回应道："那你为什么不坚持往下打呢？科比，仅仅了解篮球的技术还不够，你必须深信你的行为可以有效地得分。在NBA，没有自信你什么都学不到。就算全世界都说'NO'，你也不要理会他们，你要做的就是证明给人看。"

就是这次经历，就是这番话，让科比彻底赶走了内心的自卑，开始依靠并信任自己的能力。后来，在NBA赛场上，无论遇到多么严密的防守，他都坚信自己一定可以命中得分。如果没有这份自信，也许他还是一个默默无闻的运动员，至少不会有现在这般出色。

强者不是与生俱来的，也不是没有软弱的时候，他们之所以能够成为强者，是因为善于战胜自己的软弱。当年，球王贝利刚到巴西桑托斯足球队时，也一度陷入自卑中，担心那些大牌球星看不起自己，为此还紧张得彻夜未眠。

看，就是这样一个球场上的佼佼者，也有无端怀疑自己、恐惧他人评价的时候！好在，贝利懂得自我调节。后来，他想方设法让自己在球场上忘掉一切杂念，专心踢球，保持一种正常的、平和的心态，结果他锐不可当地踢进了1000多个球。

每个人都会有自卑的情绪，但自卑并不可怕，真正可怕的是沉浸在自卑中，失去了追求成功的勇气。想要彻底改变自己的人生，请谨记喜剧大师卓别林的忠告：“人必须有自信，这是成功的秘密。无论要面对什么样的未来，我们都需要对自己充满信心，只有这样，才能让人不断地发挥出自己的聪明才智。有了信心之后，才有创造未来的可能。”

战胜自卑，从正确认识自己开始

有位著名的学者年老时有一个不小的遗憾——他多年的得力助手，居然在半年多的时间里也没能给他寻找到一个优秀的关门弟子。

老学者想考验一下他的那位平时看来很不错的助手。他把助手叫到身边说："我的蜡烛所剩不多了，得找另一根蜡烛接着点下去。你明白我的意思吗？"

"明白，您的思想光辉得很好地传承下去。"那位助手直率地说。

"可是我需要一位优秀的传承者。他不但要有相当的智慧，还必须有充分的信心和非凡的勇气……这样的人选直到目前我还未见到，你帮我寻找和发掘一位，好吗？"

助手很温顺也很尊重地说："我一定竭尽全力去寻找，不辜负您的栽培和信任。"

老学者笑了笑，没再说什么。那位忠诚而勤奋的助手开始不辞辛劳地通过各种渠道四处寻找。可他领来一位又一位，老学者却总是摇头。当那位助手最后一次无功而返地回到老学者面前时，老学者拍着垂头丧气的助手的肩膀说："真是辛苦你了，不过，你找来的那些人，其实还不如你……"

半年之后，最优秀的人选还是没有眉目。助手非常惭愧，泪流满面地坐在病床边，语气沉重地说："我真对不起您，令您失望了!"

"失望的是我，对不起的却是你自己，"老学者说到这里，停顿了许久，才又不无哀怨地说，"本来，最优秀的人就是你自己，只是你不敢相信自己，才把自己给忽略了，不知道如何发掘和重用自己……"

助手的内心隐藏着自卑的情结，他四处去寻找优秀的人，却忘了把自己列入其中，属于典型的自卑。通常来说，自卑情绪的产生和主客观因素及自我评价因素有关，主要表现为：

表现1：胆小怕事。自卑的人总觉得自己不如别人，在人际交往或工作中必败无疑，习惯把自己封闭起来，不参与竞争，不做有风险的事。结果，越是封闭自己，越对自己没信心，造成恶性循环。

表现2：自负好斗。过分的自卑，会以过分的自尊呈现出来，他们比任何人更在意如何不让别人发现自己内心的真实想法。所以，当他认为别人可能会发现时，就采用好斗的方式来阻止别人的了解，这种人往往会因为很小的事情寻找借口挑衅。实际上，这就是一种矫枉过正的做法。

表现3：害怕与人不同。自卑的人常常对自己的想法缺乏自信，就习惯用随大流的方式与他人保持一致。他们在做任何事情之前，都会想："别人是不是也会这样做？""我会不会被人嘲笑？"在做了事情之后，又会想："会不会得罪别人？""如果刚刚不那么说就好了。"总之，求同心理特别强烈。

毋庸置疑，自卑是一种过多地自我否定而产生的自惭形秽的情绪体验，它可能发生在任何年龄段、任何层次的人身上。要战胜自卑，最根本的做法就是正确地认识自己。

▶第一，正确地评价自己。

古人常说，人贵有自知之明。什么是“自知之明”呢？就是不仅能够看到自己的不足，也能看到自己的长处，不因自己某些地方不如他人而妄自菲薄，也不因自己某些地方优越而骄傲自负。

▶第二，正确地表现自己。

深受自卑情绪困扰的人，不妨多练习一下如何表现自己，比如多做一些力所能及、把握比较大的事。哪怕这些事情不太起眼，也要努力去争取。要知道，自信是一点点积累起来的，大的成功也是细小的成功堆砌起来的。通过一件又一件小事的成功，不断为自己建立起自信，就能循序渐进地克服自卑。

▶第三，正确地补偿自己。

盲人的眼睛看不见，但他们的听觉和身体感受能力却比正常人更强，这就是生理的补偿机制。人的心理也同样有补偿能力。要克服自卑的情绪，一是要学会扬长避短，二是要克服缺陷，有了勤奋和毅力，每个人都有能力让自己变得更好。

敢相信吗，你比想象中更优秀

很多时候，由于客观条件和主观意识的缘故，我们都无法从地平线一下子就抵达金字塔的顶端，但这并不意味着我们的资质条件只够停留在原地，平平庸庸地度过这一生。当我们摒弃了这种糟糕的、消极的念头时，大胆地去尝试、去努力，就会发现自己其实比想象中要强大得多，甚至可以做到超出想象的事。

第一位获得奥运会体操单项金牌的美国运动员玛丽·雷顿，原本也不曾想过她会获此殊荣，尽管在读中学时她已经是全州的体操冠军了，但她深知自己的水平和世界顶尖级的体操选手之间还有一段长长的距离。直到14岁那年，玛丽参加了内华达州雷诺市的一场比赛，在比赛的过程中结识了罗马尼亚籍教练贝拉·卡洛里，自此，她开始了人生的转折。

在那场比赛中，贝拉·卡洛里一直关注着玛丽的表现，并在赛后主动邀请她做自己的队员，说一定能让玛丽成为奥运冠军。当时的玛丽根本不敢把自己跟奥运冠军联系在一起，她想都没想就一口回绝："别开玩笑了，那是不可能的。"贝拉却很坚定，反驳她说："为什么不可能？我说你能，你就一定能！"

玛丽还是不太敢相信自己会成为奥运冠军，尽管这是多年来一直埋藏在她内心深处的梦想。可望着眼前目光炯炯有神、坚定而有力的贝拉，她又觉着，也许自己真的有机会呢？后来，她得知贝拉曾是奥运体操冠军娜迪亚的导师，这让她摒弃了所有的怀疑，决心追随贝拉。

在贝拉的指导下，玛丽开始了漫长而艰苦的训练，期间的挫折和痛苦让她屡屡想到放弃，她甚至沮丧地告诉贝拉："我觉得，我没有成为奥运冠军的运气，也没有那样的实力。"庆幸的是，贝拉一直在鼓励她，不断地给她信心："你可以做到，只要你坚持下去，一定行！"

玛丽咬着牙挺过了诸多个艰难的日子，越过了一重又一重的障碍，她的体操水平也在日复一日的汗水中逐渐升华。终于，在1984年的美国洛杉矶奥运会上，玛丽与她的梦想相遇了，她成为女子体操个人全能冠军，并成为第一位在体操项目上摘得桂冠的美国女运动员。此外，她还荣获了女子团体操和跳马的银牌、高低杠和自由操的铜牌，着实是那届奥运会上美国队最大的赢家。

其实，不只是雷诺·玛丽，我们每个人都有机会接近自己的梦想，也有足够的潜能去和梦想热情相拥。多数人之所以未能实现心愿，不是输给了能力和条件，而是输给了内心的从未期望和不敢相信。他们由衷地相信，那些置身于金字塔尖上的人物，在智商、情商、机遇上都是不同寻常的，实际上呢？那些精英们真正不同寻常的地方在于——发现并相信自己的潜能，而多数人也具备这些素质，却对此浑然不觉。

一个人的价值有时是显性的，但更多的时候都是隐性的，需要去探寻、去激发。一旦这种价值被发现了，就会创造出无穷的能量，使生命抵达一个新的高度。

1796年的一个平常日子，在德国哥廷根大学就读的高斯，吃过晚饭后开始做导师单独为他布置的三道数学题。很快，高斯就把前面两道题做完了，这时他看到了颇为奇怪的第三道题：只用圆规和一把没有刻度的直尺，画出一个正17边形。

高斯困惑了，思索了半天也没理出头绪，之前学过的数学知识在这道题面前似乎全都失去了效用。面对这道难解的题，高斯的斗志被激发了，他决心一定要做出来！他拿起圆规和直尺，在纸写着、画着，尝试用常规的思路去找寻答案。

天蒙蒙亮的时候，高斯长舒了一口气，终于把这道难题做完了。见到导师时，他有些惭愧，说："您给我布置的第三道题，我竟用了一个通宵才做完，真是有负您对我的栽培。"导师接过作业后，当即震惊了，发出颤抖的声音："这真的是你自己做出来的？"高斯看不懂导师的神情，说道："是我做的，只是我花了一整个通宵的时间。"

这时，导师激动地说："你知道吗？你解开了一道有着两千多年历史的数学题，阿基米德没做出来，牛顿也没有解决，你竟然一个晚上就做出来了，你才是真正的天才啊！"

事后，高斯才知道，不是导师刻意考验他，而是误把这道难题交给了自己。每次回忆起这一幕，高斯总是说："如果有人告诉我，这是一道有着两千多年历史的数学难题，我可能永远也没有信心将它解出来。"

如果你不甘于平庸，对生活、对自己、对事业有更美妙的憧憬，那你就要选择相信自己。因为，每个人所拥有的潜能都是无穷的，你现在所展示的不过是凤毛麟角，还有更多的价值等待你的挖掘。请记住：你远比自己想象中更优秀！

相信自己是什么，你就是什么

“我们这辈子最容易犯两个错误，一是觉得自己这辈子可能不会有大的作为，另一个是料定别人不会有作为……人总希望自己成为伟大的艺术家，总希望自己成为伟大的事业家，或者伟大的企业家等。但是，为什么有的人做到了，有的人没做到？就是因为做到的人，他们一定从心底里相信，自己这辈子一定能做成事情。”

这是2010年5月俞敏洪在中国传媒大学南广学院演讲时说过的话，他用自己的经历告诉学子：人生不可预料！你永远不要去预料自己这辈子到底能做什么，只要你成长，只要你勇敢地往前走，你就一定能做出你自己想象不到的事情来。

的确，每个人都有不可估量的潜能，但真正能够做到俞敏洪所说的那般坚定地相信自己、重视自己，却并非易事。特别是在遭遇了种种阻挠和冷遇的时候，多数人总会不自觉地想，“也许是我的水平不够”“也许是我的脑子不够灵光”“也许我注定不会有什么作为”……更有甚者，还在自己身上看到了一些隐而未见的缺点。可想而知，有了这样的情绪，自然也就不敢对成功抱有太大的奢望，更不敢在别人面前落落大方地承认自己的优秀。

一个生在贫寒之家的男孩，心里总是很自卑，觉着自己处处不如人。上学的时候，他习惯低着头走路，碰到不三不四的学生，他就赶紧躲开。可即便如此，他还是经常无缘无故地被人戏弄或当成出气筒，可怜的他只是默默地忍受着，不敢言语。男孩不止一次地问过自己："我什么时候才能比别人强一点呢？"

有一次，老师带领全班同学参观了一家生产水果罐头的工厂，并要求他们刷洗那些回收来的空罐头瓶子。为了调节气氛，老师宣布将此次活动作为一次比赛，看谁刷的瓶子最多。男孩站在同学中间，听到老师的号召，心里很是激动。是的，在过去的日子里，他从来没有得过"第一"，这一次他下定决心，无论如何都要得到它。

很快，男孩就掌握了刷瓶子的程序，他刷得很认真，一个接一个，一整天都没有停下来，一双稚嫩的手被水浸泡得泛起了一层白皮。最后，他刷了108个瓶子，是所有同学中刷洗瓶子最多的。当老师将这一结果公布时，男孩别提多高兴了，那种快乐是他从未体验过的。

就是从那天开始，男孩的生活彻底变了。得了第一的他终于明白：无论什么事情，只要肯去做，一定能够做好。他开始拼命地去做自己想做的事，坚信一定能得到自己想要的东西。果然，他此后的人生路开始变得顺利，并充满了欣喜。

1985年，他从重庆大学计算机专业毕业；1988年，他获得了哈尔滨工业大学计算机专业硕士学位；1991年，他获得哈尔滨工业大学计算机专业博士学位。他拥有数项重大发明，曾经三次获部级科技进步二等奖。再后来，他成了微软亚洲研究院的主任研究院，成为计算机自然语言领域中公认的最优秀的科学家之一，他就是周明。对过往的经历，他这样说道："我是从108个瓶子中，发现成为天才的全部秘密，那就是任何时候都不要看轻自己。"

有句话说，狂妄的人有救，自卑的人没救。狂妄的人觉得自己有狂妄的资本，若让他知道山外有山、人外有人，他就能意识到自己的不足，谦虚谨慎起来。自卑的人却不一样，看不到自己身上拥有的，只会想着这里不足、那里不好，就算你告诉他一件事有90%的成功概率，他也会用那剩下的10%去掩盖所有的希望和可能。

一个人是什么，是因为他相信自己是什么。

你从内心深处看轻了自己，就等于否定了自己所有的长处和能力，认定自己不会有作为，那你就真的与成功无缘。意念决定着行动，当你时刻以成功者的标准要求自己，以自信和肯定的态度看待自己时，潜在的能量就会督促着你迈向好的结局。

每个人都有成功的可能，但首先要做的是克服自卑，在内心里肯定自己有成功的潜质。无论何时，在何种境遇下，都不要自轻自贬，相信自己不是一个平庸之辈。当你心中的那个自己不再自卑时，现实中的你也会随之变得强大。

暴露出弱点，没你想的那么可怕

女孩H从一所普通大学毕业后，只身一人到北京打拼。由于没有工作经验，社会阅历也不多，她在工作上频频出错，总是受到上司的批评和同事的埋怨。原本就无所依靠的H骤然觉得世态炎凉，对待工作也变得战战兢兢，生怕出点差错被人否定。

渐渐地，H多了一个毛病，对批评之事特别敏感。只要周围的人稍微说点她什么，哪怕是对她的穿着有不同意见，她都会激烈地辩驳，或是一脸沮丧地表示不满，让人感觉到强烈的抵触情绪。

此外，H还特别抗拒参加集体活动。公司里都是时尚的年轻人，见多识广者不少，多才多艺的也很多，H没什么特长，唱歌还跑调，跳舞就更不用说了，生怕在人前出丑露怯，遭到嘲笑和贬低。自打入职起，有三次公司组织的聚会她都推托了，这也让她跟同事之间的关系变得愈发生疏和冷漠。

不难看出，H的所有表现都是自卑心理在作怪。她的自尊心很脆弱，不是想着如何完成任务或是与人沟通，而是琢磨着如何不在人前出错，不遭人批评，不被人看笑话。所以，当她受到一点儿非议和批评时，就会引起痛苦和沮丧的情绪，增强过分的抵触反应。

陷在这种情绪中，H根本无法进行正常的工作和人际交往，使得适应情境的能力不断降低，变得反应阻滞，导致越怕出错越出错的恶性循环。当她感到无力承受时，就会做出逃离的举动，回避那些可能会让自己出错的环境，尽量不参与任何群体活动。然而，越是这样封闭，她的自尊心就越脆弱，也更畏惧否定和批评。

我们都应当清醒地认识到一点：人不是机器，都会犯错，都会心急，都会经历失败和批评，这是再正常不过的事情，真的没什么。作家王蒙在《我的人生哲学》里阐述过一个“心理不设防”的观点：

“不设防还因为不怕暴露自己的弱点。弱点总是要暴露的，正像优点也总会有机会表现出来表达出来一样。而对待自己的弱点的坦然态度，正是充满自信并从而比较容易令他人相信的表现。只要你确有胜于人处，长于人处，某些弱点的暴露反而更加说明你的弱点不过如此而已，而你的长处，你的可爱可敬之处，正如山阴的风景，美不胜收，那还设什么防呢？”

很多时候，我们总在想：如果我做错了，会不会被当成笑料？如果我这样做，会不会有人不高兴？如果我回避，是不是一切都会照常？

其实，这个世界真的没什么，有的只是一颗脆弱的“玻璃心”。

去看看那些活得潇洒自信、笑靥如花的人，他们也不是超人，也会错误百出，也会哭泣吵闹，但这些并未遮住他们身上的光芒，为什么？因为，他们不会被自己的情绪束缚，不会刻意掩饰自己的错误，活得真实，才能活得潇洒。

皮克·菲尔的著作《气场》中讲述道，曾有一位女士向他寻求帮助，原因是她觉得自己在任何方面都不如自己的丈夫，甚至在好心好意的情况下也会经常做错事，这些痛苦一直纠缠着她。皮克·菲尔听后，给这位女士写了一张卡片，上面并没有什么让人觉得惊奇的秘诀，只是一些改变自己、改变心态的句子。

然而，就是这些句子，却让这位近乎对生活感到绝望的女士，甩掉了自卑和压抑，并深刻地认识到：谁都不可能因为自己的痛苦而让情况发生转变，要想生活得更好，就必须先改变自己，只有改变自己了，才有可能创造奇迹。

自卑的人都有这样的困惑：不会处世，能力不强，缺乏生活乐趣，等等。对这些问题和不足，必须正视其存在，并勇于去改正，任何忽略、回避、掩饰的态度，非但不能使问题自然化解，反而会使问题越来越多，愈演愈烈，积重难返，这才是对自己最大、最根本的否定。要让自己积极地面对生活，从容地应对所有，先要甩掉一切跟自卑有关的消极情绪，打造一个正确的心态。

身体上的残缺、能力上的不足都不是耻辱，真正耻辱的是不敢面对，试图用掩盖和逃避的方式来“撑门面”。丢掉那颗敏感的玻璃心，不要因为自卑而忧郁、胆怯地活着。诚实地面对自己，发挥优势，对自己的缺点别过分关注，你的人生才会褪去灰色，散发光芒。

直面自身的阴影，做完整的自己

美国犯罪小说家派翠西亚·海史密斯在其代表作《天才雷普利》中，成功地刻画了一个内外相斥的人，他就是主人公雷普利。雷普利是一个颇具才华的青年，有野心、有抱负、有能力，擅长伪装，会模仿任何人的笔迹和声音。他渴望成功、渴望金钱、渴望权力、渴望地位，只是这些他都不曾拥有，倒是船王的儿子迪奇过着他想要的生活。

雷普利羡慕迪奇的人生，他不想让任何人知道自己的贫穷和卑微，尤其是他心仪的富家女梅尔蒂。于是，他慢慢地融入了迪奇的生活，并为他的生活形态所迷惑，在无法说服迪奇回国后，欲望让雷普利失去理智，他杀死了迪奇，并设计圈套从船王手里得到了一大笔钱，以迪奇的身份开始生活。就在雷普利陶醉于自己亲手打造的美梦中时，他因一次意外的巧合露出马脚，引起了警方的怀疑，并开始对他进行调查。

雷普利竭尽所能地去伪装他人，从心理学上说，他是不敢面对真实的自己，不认同真实的自己。文学作品总有夸张的成分，现实中像雷普利一样自我否定到近乎畸形的人并不多，但和他一样不愿意接受自我的人却不少。

有些人总认为自己不够优秀，抑或对自身的某种缺陷耿耿于怀，总觉着自己不如其他人。这种想法无形中成了一把枷锁，让他处处否定自己，纵然他的实际能力比他所想的要强大一万倍，他也无法淋漓尽致地释放出这些能量。

试问：世间哪有真正完美的人？谁都会有缺点和不足，无论是性格上的、能力上的，还是身体上的，但这不过是生命中的某一方面，它代表着你，但不代表你的全部。

人应当完整地接纳全部的自己，而不是删节的自己。很多时候，才华和潜能就隐藏在你的伤疤里，你若总是嫌弃它，试图隐藏它、抛弃它，可能就会陷入自卑中，错失很多的机会。

某知名企业的总裁称："我不怕员工能力不足、经验匮乏，我最怕的是员工碍于自身的缺陷畏首畏尾，不敢放手拼搏。这样一来，他的许多潜能都被限制了，很难有大的突破。"说完，他讲了亲身经历的一件事。

"我的公司里有一个女职员，论能力和样貌都算得上佼佼者，唯独手上长着一块极其丑陋的胎记，拇指又粗又短。如果单看她的那只手，很难跟她本人联系在一起。正因为此，她总是避免去做一些让别人可能关注到她手的事情。

"有一回，公司收到国外客户寄来的一些样品，在跟同事一起把东西往我的办公室挪的时候，她发现同事的眼睛似乎直勾勾地盯着她的手看。她一下子就慌了，赶紧把手往包裹的下方挪，企图把拇指和胎记掩盖起来。结果，这一慌就出了岔子，东西掉在地上摔坏了。

“时隔不久，公司派她向媒体演示新开发的产品，由于中途计算机出了故障，只能找一个人跟她搭档进行演示。这让她很为难，她的手每碰一下鼠标，每敲击一下键盘，每做一个手势，都可能会让身边的搭档看到她手上的缺陷。她脑子里一直想着这件事，以至于在发布会上根本无法专心演示，且动作看上去僵硬极了，与这个新产品倡导的‘流动的科技’形成了巨大的反差。演示完毕后，台下的人没有感受到新品的新颖之处，而是纳闷为何这么一个有实力的大公司，非要让一个表情僵硬、逻辑混乱、表达不清的人来做演示呢？

“有一天，她跟我汇报完工作，我突然说起她最忌讳的事：‘你手上的是胎记吧？’她慌忙把手往身后藏，脸色大变，含糊地‘嗯’了一声。我意味深长地说：‘我身上好几块呢！这可是每个人独一无二的标志啊！’

“听到我这样说，她的神情不那么紧张了，头一次敞开心扉告诉我：‘这块胎记是我的心病，一直害怕别人看见和说起。’当她把胎记和短粗的拇指暴露在我眼前的时候，我笑着说：‘你没觉着，这块胎记有点像一颗心吗？’接着，我又看着她的拇指，告诉她：‘我们老家有个说法，长着这样拇指的人是富贵命。’

“她一直以为，把缺陷摆在他人眼前定会遭到取笑，听到我这样说，她才意识到，这不过是她自己的想法罢了。自那以后，她就放开了自己的缺陷，无所谓别人知不知道。结果表明，没有谁嘲笑她，别人对她的态度和从前没什么两样，而她自己的变化却很大。不再纠结于自己的胎记和拇指后，她对工作更专注了，做得也比以前更好了。”

许多人都有过和这位女职员一样的情绪体验，或是因为个子矮、身材臃肿、说话结巴，抑或是其他方面的缺陷，总在想为什么自己如此“特殊”、会不会遭到别人的嘲笑，从而不敢坦坦荡荡地把真实的自己呈现在别人面前，担心遭到轻视和嘲笑。结果，越是掩盖，缺陷越容易暴露，因而越来越自卑。

荣格说过：“幻想光明是没有用的，唯一的出路是认识阴影。”

只有直面自身的阴影，承认和接受完整的自己，才能够获得心灵上的自由，消除所有的压力，滋生积极的力量，以轻松的心态去迎接生活。

Chapter 8

真正的恐惧，就是恐惧本身

世间 90% 的恐惧都是想象出来的

亚里士多德曾说："我们不恐惧那些我们相信不会降临在我们头上的东西，也不恐惧那些我们相信不会给我们招致事端的人，在我们觉得他们还不会危害我们的时候，是不会害怕的。因此，恐惧的意义是：恐惧是由那些相信某事物已降临到他们身上的人感觉到的，恐惧是因特殊的人，以特殊的方式，并在特殊的时间条件下产生的。"

惧由心生。恐惧源于害怕，而害怕源于无知。怕了一辈子鬼的人，恐怕一辈子也没见过鬼，这说明恐惧的原因是自己吓唬自己。世上没有什么事能真正让人恐惧，恐惧只不过是人心中的一种无形障碍罢了。没来由的、荒谬可笑的恐惧会把我们囚禁在无形的监牢里，让我们无法充分地展示自我。其实，在很多时候，恐惧并不能伤害我们，只要克服源于我们自身的心理障碍，就可以冲破重围，让恐惧的阴霾烟消云散。

平凡的上班族麦克，在37岁那年的一天下午，作出了一个惊人的决定——他放弃了薪水优厚的工作，把身上仅有的一些钱施舍给了街上的流浪汉，回家匆匆带了几身换洗的衣物，告别了未婚妻，徒步从阳光明媚的加州出发了。他要一个人横越美国，到东海岸北卡罗来纳州的"恐怖角"去。而在作这个决定之前，他简直面临精神崩溃的局面。

那天下午，麦克问了自己一个问题：如果死神通知我今天死期到了，会不会留下很多遗憾？答案是肯定的，而且这个答案令他万分恐惧。麦克忽然意识到，虽然自己有个体面的工作，有个漂亮的未婚妻，有许多关心自己的至亲好友，但他发现自己这辈子从来没有下过赌注，一生平淡，从来没有达到过高峰，也没有跌到过低谷。

他扪心自问：这一生有没有经历过苦难，有没有勇敢地挑战过恐惧？接着他哭了，为自己懦弱的前半生而哭。麦克开始检讨自己，诚实地为自己一生的恐惧开出了一张清单：小时候他怕保姆、怕邮差、怕鸟、怕猫、怕蛇、怕蝙蝠、怕黑、怕幽灵、怕荒野……而这些小时候令他恐惧的东西现在依然折磨着他。长大后，他恐惧的东西就更多了，他怕孤独、怕失败、怕与陌生人交谈、怕精神崩溃……他无所不怕，于是恐惧让他小心翼翼地活着，尽量避免接触这些令自己恐惧的东西。想到这里，他忽然意识到，这正是造成他一生平平淡淡的根源，于是，就在他精神即将崩溃之时，他毅然做出了这个仓促而大胆的决定。

麦克决定挑战恐惧，于是他选择了这个令人闻风丧胆的“恐怖角”作为最终目的地，借以象征征服他生命中所有恐惧的决心。

这个懦弱的37岁男人终于上路了，尽管在这之前他还接到祖母的警告：“孩子，你一定会在路上被人欺负的。”从小到大，他想不起自己有多少次因为这种警告而退缩，这次他不再退缩了。他的决定是对的，他成功了：在几千次迷路、几十顿野餐，以及一百多个陌生人的帮助下，他抵达了目的地。

这期间，他没有接受过任何金钱的馈赠，他曾与黑夜和空旷为伍，在雷雨交加中睡在超市提供的简易睡袋里；曾有几个像公路分尸杀手或抢匪的家伙让他心惊胆战；在最艰难的时候，他还在陌生的游民之家打工以换取住宿；在民宅借宿时，他还碰到过几个患有精神病的好心人。就在他思考下次会不会碰到孤魂野鬼的时候，他抵达了“恐怖角”。

与此同时，麦克接到了未婚妻寄给他的提款卡，当他看到这个对他的旅途毫无用处的包裹时，激动地紧紧拥抱了邮递员。麦克并不是为了证明金钱无用，而是用这种常人难以忍受的艰辛旅程使自己一次性地直面了所有的恐惧。

除此之外，更加让麦克兴奋的是“恐怖角”的本名。原来，“恐怖角”这个名称，是16世纪一位探险家取的，本来叫“cape faire”，结果在漫长的岁月中被讹传为“cape fear”。这只是一个误会！

这次独自旅行彻底改变了麦克。就像他自己说的：“‘恐怖角’这个名字的误会，就像我自己的恐惧一样。我恐惧的不是死亡，而是生命，这是我最大的耻辱！”也许，在今后漫长的岁月里，麦克还会陷入各种各样的恐惧，但相信他已经知道如何应对这些恐惧了，他不会傻到再让恐惧掌控他的后半生。他花了六个星期，到了一个与自己的想象相去甚远的地方，也彻底改变了自己的人生。

恐惧并没有那么可怕，只是在忐忑不安的情绪的支配下，一种自然而然的焦虑在我们心中积聚起来，转化为惊慌失措和恐惧。在这种情况下，我们多半会选择退缩和自暴自弃，不敢努力争取，甚至还会因为害怕失败而拒绝承担责任，乃至放弃自身的个性等。

其实呢？恐惧就如同“恐怖角”一样，只不过是一个误传，欺骗了绝大多数人，让我们以为它坚不可摧。要解决这个问题，最好的办法就是回归自我，结束黑暗旅途的地图就藏在你我心里。

用正确的眼光看待恐惧这件事

恐惧是一种带有强迫性质的，不以人自身意志和愿望为转移的情绪。恐惧可以摧残一个人的意志和生命，减少人的生理和精神的活力，破坏人的身体健康，打破人的希望，消退人的志气，让人心力“衰竭”，无法从事或创造任何事业。

毫不夸张地说，恐惧是人生命情感中最难解的症结之一。面对自然界和人类社会，生命的进程从来都不是一帆风顺、平安无事的，总会遭到各种各样、意想不到的挫折、失败和痛苦。当一个人预料将会有某种不良后果产生或受到威胁时，就会产生这种不愉快情绪，并为此感到紧张不安、忧虑、烦恼、担心。

也有一些人，对本不感到害怕的事情产生紧张恐惧的情绪体验，他们知道这种恐惧完全不必要，甚至能意识到这是不正常的表现，却无法控制自己。比如，有的人因偶然的一次化学实验中试管发生爆炸，就再不敢走进实验室；有的人因运动时受过伤，就再不敢从事那项活动；还有的人对人际交往感到焦虑不安。

对于恐惧的情绪，我们总是抱持一种抗拒和厌恶的态度，认为想要活出自我、获得成功就一定不能有恐惧，特别是看到周围一些敢于冒险、做出成就的朋友，心里暗暗羡慕的同时，不免为自己的懦弱感到失落，很希望自己有一天也能变得“无所畏惧”。

勇敢，真的就是内心无所畏惧吗?

事实上，这是一个误导。每个人都会在生命的某一个时刻体验到恐惧，没有谁能避免，就算有人声称自己毫不畏惧，或是宣称要粉碎、破坏恐惧的人，最终也会以失败收场。

史蒂夫·凡·兹维也顿是世界知名的安全监控专家，成功化解了无数的威胁和冲突。他曾经说过：“在我22年的安全维护工作中，我从来不和那些标榜自己从不畏惧的人合作。一个人在某些情况下毫不畏惧——这有可能，但是一个人要说自己面对所有情况都毫不畏惧——这是绝对不可能的。”

退役运动员阿兰·琼斯，在20世纪80年代执教澳大利亚国家橄榄球队。在执教期间，他培养出了无数成功的顶尖运动员。当被问到天才运动员是否会感到恐惧时，他给出的回答是这样的：“不要相信你所听到的一切浮夸之词与荒谬之言。所有伟大的运动员和演员都会感到恐惧，他们也是人，与你我无异。他们也要睡觉，也会醒来，有时也像我们所有人一样会怀疑自己。”

我们都知道，恐惧会给人带来诸多的负面影响，所以多数人恨不得一刀切掉恐惧，让它彻底从生命中消失。但是很可惜，人类的很多情绪状态，如恐惧，不是凭借意志就能抑制的。

你感到恐惧不是因为你缺乏自律，也不是因为你软弱，若非要用意志力去抑制恐惧，用自己的恐惧和他人的恐惧做比较，只会误入歧途。

要知道，人与人的经历不同，所有的恐惧情绪都构建在这些经历之上，根本没有可比性。你害怕的东西，别人未必害怕；别人害怕的东西，你也未必当回事。

面对这样一个不可能消失的情绪，我们该用什么样的态度去对待它呢?

首先，要正确地认识恐惧。恐惧就像水，水能覆舟，亦能载舟。尽管有时候，恐惧会给我们带来烦恼，但它也是天生的保护者。比如，面对危险或紧张境遇时，恐惧能引起人体内一系列的内在反应，保护我们免受伤害。假如我们在黑夜孤身前行时，迎面飘过来一团黑漆漆的魅影，这时，恐惧感就会刺激肾上腺素的分泌，并使其进入血液循环。接着，我们会感到呼吸加快、心跳加速、脸色苍白、内急、口齿不清、发热冒汗等。在这些异常反应之下，呼吸加速会让血液中的氧气增多，从而让我们快速地完成身体动作，即反击或逃跑。

其次，学会与恐惧共存。生活中有很多从事危险职业或从事高风险运动的人，人们将其称为“恐惧专家”。他们经常暴露在可怕的环境中，可他们会落落大方地承认自己感到恐惧，还表示自己会敞开胸怀欢迎恐惧。他们没有把感到恐惧视为一种软弱的行为，而是将恐惧视为财富，利用恐惧来锻炼自己的勇气。

恐惧的情绪会伴随我们一生，既然摆脱不了它，就要像恐惧专家们一样，学会跟恐惧成为朋友，而不是沦为恐惧的奴隶。正所谓，真正的勇士不是无所畏惧，而是内心充满恐惧却依然一往无前，敢于去接纳恐惧、拥抱恐惧、驾驭恐惧!

大胆去尝试才知道自己能走多远

一对经济拮据的夫妇省吃俭用好几年，总算攒够了去往澳洲的下等舱船票，他们打算带着孩子到富足的澳洲寻找致富的机会。由于船要在海上航行十几天，为了减少不必要的开销，妻子在上船之前准备了大量的食品。然而，当孩子们看到豪华餐厅的各色美食时，忍不住向父母哀求，希望能够尝一尝那些从未见过的美味佳肴。

这对夫妇自尊心很强，担心会被那些用餐的人们瞧不起，就一直待在下等舱里，不让孩子们出去。整个旅途中，孩子们只能跟父母一样，吃自己带的东西。其实，他们跟孩子一样，渴望尝尝那些美食，但一想到自己空瘪的钱袋，就打消了这个念头。

临近旅途结束还有一天的时候，他们带的食物吃光了。无奈之下，这对夫妇只好去求助服务员，希望他们能给孩子们一些吃的，哪怕只是残羹冷炙。听到他们的哀求，服务员惊呆了，他问："你们为什么不去餐厅就餐呢？"父亲窘迫地回答："我们没有钱，不比那些上等舱的人。"

"只要是船上的客人，都可以免费享用餐厅里的所有食物。你买的船票，只是决定你睡觉时要待的地方……"听了服务员的回答，夫妇俩都愣住了，根本没有人限制他们去豪华餐厅，是他们在脑子里给自己设置了一个障碍，认为只有上等舱的乘客才能随意享受美食。如果当初肯问一下，完全不用一路啃自己带的食物了，更不会白白错过十几天享受美食的机会。

很多时候，我们都会犯这样的错误，感慨命运弄人，抱怨环境不利，尚未做一件事之前就认定了无法成功，不会有好结果，于是，就眼睁睁地看着机会溜走了。殊不知，创造精彩人生的密匙不是机遇、不是运气，而是勇敢地去尝试！面对自己想做的事，不要顾虑重重，大胆地迈出第一步，就算失败了，大不了回到原点，更何况，没有人告诉你一定会输。

南非女孩菲奥娜，从16岁开始徒步旅行，用2年的时间途经14个国家，步行16181公里，纵跨非洲大陆，闯入吉尼斯世界奇迹榜。

回想起整个旅途最艰难的日子，莫过于在扎伊尔境内。1991年9月，那里政局混乱，菲奥娜被国外籍军团空运出境。当她再次回来时，她和自己的野外生存训练教练米尔斯一起步行了50公里。但在之后的几个月里，她简直像被梦魇缠住了一般，无论走到哪儿都会遭到当地人的攻击，被扔石头、殴打、言语侮辱，他们把她当成了人贩子、野人。

面对这样的境遇，怎么办呢？菲奥娜说："当大大小小的石头落在身上，唯一的办法就是保持原来的速度继续往前走！一切都是注定的，不要抱怨，不要消沉。"不幸的是，她和米尔斯又患了痢疾，在热带雨林里被困了整整7个月，从早到晚头发都没干过，衣服也发霉了，身上到处都是难以愈合的疮口。

即便如此，菲奥娜依然没有想过放弃，在这种真实跋涉中，她的思想有了巨大的转变："当你不知道何去何从的时候，你会感到世界是如此空旷、广阔而令人迷茫。这是一次折磨人的探险，通常你只要吃几个月的苦就够了，可这一次却整整持续了两年，所以我必须好好地安排生活。”

菲奥娜的父亲是皇家海军军官，为了配合父亲的工作需要，她搬了22次家，转了15次学，为此她一直对父亲耿耿于怀。可当她走完了从悉尼到珀斯的5000公里路程时，她也走出了对父亲的怨恨。她看起来比实际年龄更成熟、更自信，她的周游初衷已跟当初早有不同：“我现在就像变了一个人，虽然说不出到底哪儿变了，但我肯定跟过去不同了，比如更加在意从前并未意识到的重要的东西——家庭。”

菲奥娜的行动，可能是许多年轻人的梦想，但真正敢去尝试的寥寥无几。菲奥娜在周游中经历了特殊的环境、超出想象的挫折，但这些困难并未吓倒她，而是从不同角度开发了她的潜能，激活了她的忍受力、应变力、爆发力。当她阅历了各种文化环境后，她更知道自己是谁，自己能做什么，更懂得生命的意义。

许多不可能，只存在于人的想象中；许多难以越过的藩篱，只是被夸大了的假象。在你没有做过一件事情的时候，你永远不知道自己到底能不能把它做好，更不知道自己到底能扛住多大的压力、跨越多艰难的困境。任何一件事总要先做起来，才能判定自己行不行，也只有在尽力做事的过程中，你才会发现自己潜在的意志与能力。

莎士比亚说过：“本来无望的事，大胆地尝试，往往能成功。”

人生的路是遥远的、充满未知的，只有不断地去探索尝试、打破常规，才能够让看似无可救药的事，遇见绝处逢生的奇迹。如果连尝试的勇气都没有，谈何不同的生命体验，又谈何无限多的可能性？只有敢于尝试，敢于向自己的制高点挑战，才能真正地超越恐惧。

为人生冒一次险，绝不会是白费

一位作家在非洲塞伦盖蒂大草原度假时，坐在河边整整3小时，只为看一小群角马如何鼓起勇气下河饮水。当时正值夏天，上百万只角马从干旱的塞伦盖蒂北上，准备迁徙到马赛马拉的湿地，他所见到的那群角马，正是大迁徙中的一部分。

对角马群来说，在艰苦的长途跋涉中，格鲁美地河既是生命的希望，也是死亡的象征。想要生存下去，它们必须饮水，但在河边停留时，很可能遭到各种猛兽的袭击，如灌木丛中的狮子、藏在水下的鳄鱼，都可能会让角马丢了性命。

那天，作家看到角马们来到一处适合饮水的地方，领头的角马磨磨蹭蹭地走向河岸，其他角马犹犹豫豫地走几步，嗅一嗅，吼叫一声，又不约而同地退回来。它们身后的角马闻到了水的气息，纷纷向前挤，慢慢地将前面的角马推到水中，才有一些角马喝起水来。在此期间，角马们进进退退的犹豫之态一直没有停歇。

不久，汹涌的角马群把一匹角马挤到了深水处，它恐慌起来，引起了角马群的一阵骚乱。它们迅速从河里退出来，回到迁徙路上。只有那些勇敢地站在最前面的角马才喝到了水，大部分的角马由于害怕，或是无法挤出重围，不得不忍受着干渴。有的角马宁可站在悬崖上望着河水痛苦地鸣叫，也不敢冒一次险痛饮河水。

目睹了这番情景后，作家感慨万千：生活中有多少人就像角马一样，或因对未知的恐惧，或是习惯安逸，藏在群落中压抑着对成功的渴望，看着别人去品尝成功之水，自己却忍受着干渴的煎熬。

是真的没有办法去改变这样的窘境吗？或许，是它们从来都没有尝试过改变，更没有勇气去打破这种延续了多年的心理习惯。于是，在漫长的迁徙路上，那些敢冒险的、敢走在前面的，就成了“适者”，而那些固守在原地的，就成了被淘汰的对象。

凡事都抱着求稳的想法，自身的思维和能力就会变成一潭死水，永远无法激起波澜，这种过于谨小慎微的结果，就是一事无成。要知道，世上每一个有荣誉和利益的地方，都存在着风险，只有敢于冒险、能克服内心恐惧的人，才能领略到最极致的风景。

美国电视行业大亨摩洛·路易斯的成功，就源自两次成功的冒险。

19岁那年，摩洛·路易斯跟随家人搬到了纽约。他先是在一家广告公司做外勤，周薪14美元。这份工作很辛苦，几乎没有休息的时间。6点钟下班后，他还要到哥伦比亚大学上夜校，攻读广告学。有时候，由于工作事务太多，他不得不在下课后赶回公司，加班完成。那段时期，从晚上11点工作到凌晨2点，对他来说是家常便饭。

一年后，他放弃了广告公司颇有发展前景的工作，开始了人生中的第一次冒险。他投身到未知的领域，从事创意开发，主要是说服各大百货公司，通过CBS电视公司成为纽约交响乐节目的共同赞助商。当时，电视还是个新事物，并没有全面普及，人们对它的认知度不高，自然也很难接受。摩洛·路易斯的事业遇到了巨大的阻碍，周围人都觉得他不会成功。

摩洛·路易斯并未灰心，他继续满怀激情地说服客户。功夫不负有心人，他的创意很特别，得到客户的认可，多家百货公司都与他签了约。同时，他向CBS提出的策划案也被顺利接受。眼看着成功就在眼前了，不料中途却因合约中的一些小问题，导致整个项目夭折。

换作其他人，屡屡遭受打击很可能会一蹶不振，但摩洛·路易斯却表现得很平静。这件事情结束后不久，一家公司聘请他担任纽约办事处销售部门的经理，薪水很客观。理智的摩洛·路易斯同意了，在这里充分地发挥了自己的潜力，施展了自己的才华，但他一刻也没有忘记自己的梦想。

几年后，他重新回到阔别已久的广告业，担任承包华纳影片公司业务普生智囊公司的副总经理，开始了人生中的第二次冒险。这一次，他要涉足的领域是电视界。他不是一时冲动，也不是孤注一掷，而是看准之后才下赌注的。最初两年，他完全免费给一档节目帮忙，没想到此节目却因此大受欢迎，成为电视界的一大传奇。这让摩洛·路易斯得到了广泛的关注，之后他所提供的多样化综艺节目给CBS公司带来了巨大的经济效益。

安于现状、畏首畏尾只会空耗时间和经历，无法帮你争取到任何东西，哪怕机遇近在咫尺。人不能只做自己有把握的事情，那样的话，终其一生也不会有进步。想知道自己究竟有多大的能力，能拥有多大的成就，就必须冒一点儿险，在压力和困难中突破极限。事实上，整个生命就是一场冒险，走得最远的往往都是愿意去冒险的人。

洛克菲勒凭借着超强的自信和魄力创建了一个传奇的商业帝国，他曾经多次冒险欠下巨债，甚至不惜将企业抵押给银行，但最终他还是赢了。在他看来，冒险就是为了创造好运。他曾经对自己的儿子约翰说：“人生就是不断抵押的过程，为前途我们抵押青春，为幸福我们抵押生命。因为如果你不敢逼近底线，你就输了。为成功我们抵押冒险难道不值得吗？”

每一个成功者的现在，都是在敢想、敢做、敢于冒险中得到的，敢不敢冒险也是强者与弱者的区别所在。真正的强者，不会甘愿停留在平淡无奇的生活中，他渴望在生活中掀起巨浪，活出风采，更坚信自己拥有克制恐惧、走出平庸的能力。

世上没有一条通往成功的路是没有荆棘、铺满鲜花的，想成功就必须摆脱自我设置的泥潭，勇敢地去冒险。恰如洛克菲勒的那一句忠告所言：“你正朝着赢得一场伟大人生前进，这是你一直以来的目标，你需要勇敢、再勇敢。”

冷静再冷静，别轻易地放大恐惧

有位年轻的姑娘，10年前被车轻微撞伤，当时倒没有受多大的外伤，但双腿麻痹，根本无法站起来。后来，经过一番检查和诊治后，一位年轻的医生说她瘫痪了。女孩听信了年轻医生的话，立刻感到头脑空白，双腿麻木。从那以后，女孩真的再没站起来过，她整日坐在轮椅上，肌肉渐渐萎缩，变成了残疾人。

然而，五年后的某一天，坐在轮椅上的女孩再次被一辆人力三轮车撞到，她突然觉得疼痛难忍。家人很难相信她会感到疼痛，因为她的腿已经多年没有知觉了。接着，她被送到一家大医院，医院外科专家经过确诊，发现女孩根本没有瘫痪。

经过一段时间的物理治疗后，女孩竟然能重新走路了。当女孩再次站起来时，除了深感幸运以外，她还十分懊恼，别人说自己瘫痪了，就信以为真，若当初再试着去大医院接受检查，或者自己鼓起勇气站起来尝试的话，那她就不会被他人的话所左右了。

无独有偶。英国著名的网球女星名叫吉姆·吉尔波特，曾经目睹了母亲去世的过程，这件事情成了她心里难以抹去的阴影，直至后来毁掉了她的整个人生。

那还是吉尔波特年幼时，有一天，她的母亲感觉牙疼得厉害，就带着她一同去看牙医。医生当即决定给吉尔波特的母亲进行一个小型的牙齿手术。其实，吉尔波特的母亲早就患有心脏病，只是她一直都不知道，结果，在手术的过程中她突发心脏病，死在了手术台上。

吉尔波特亲眼目睹了这一幕，幼小的心灵受到了巨大的打击。自那以后，每次牙齿有些轻微的疼痛，甚至是每次看到牙医时，她都会感到莫名的恐惧。渐渐地，她把“牙”和死亡联系在一起了，以至于后来她患上了牙病，也不敢去找牙医。有一次，她实在被牙齿的剧痛折磨得难以忍受，才肯让牙医来到寓所为自己诊治。

当牙医匆忙地赶到吉尔波特那栋豪华寓所时，只见她紧张地坐在长椅上，看着牙医收拾手术器械的背影。剧烈的恐惧感让她睁大了眼睛，呼吸也变得愈发急促。一切准备就绪后，牙医转过身来，却惊讶地发现，网球女星吉尔波特已经停止了呼吸。

这件事被曝光后，外界一致认为吉尔波特是被自己的意念杀死的。母亲的意外之死，让她弱小的内心变得不堪一击，不敢面对所有与牙病有关的事情，她不断地用消极的意念暗示自己，最终被一个小小的牙科手术“吓死”了。

一位潜水专家讲过：“如果一条海鳗咬住了我，我是一定不会拼命把手拉开的，相反，我还要跟着它走，即便它会把我拖到洞前，即便这令我胆战心惊。因为，海鳗一旦咬住了你，就不会轻易松口，你的反抗反而会让它咬断你的手，除非你顺从它，直到它自己愿意放口。”

对绝大多数人来说，不太了解海鳗的本性，被海鳗咬住的那一刻，都会本能地抽手，结果就会被海鳗咬断手。这也在提醒我们：对待任何恐惧，想要成功处理危急情况，一定要控制住自己对事情的本能反应，冷静再冷静，认真地去分析事物，探究本质，不要把事情复杂化，无端地放大恐惧。面对恐惧时情绪越激动，就越容易受制于它。

鼓起百倍的勇气，做你想做的事

一则古老的寓言里讲道，魔鬼曾向人们出售它所有的商品，包括憎恨、嫉妒、绝望、恶念、疾病等，每一个商品上面都标好了价格。可是，在桌子的一角，有一件商品看起来破旧不堪，却标着远远高于其他商品的价格，价签上写着它的名字——胆怯。

有人好奇地问："为什么胆怯的价格那么高？"魔鬼回答说："使用它比其他工具要更容易，我可以用它打开任何一扇紧闭的大门，一旦进了门我便可以为所欲为。"

怯懦是潜能的天敌，是左右心智的魔鬼，在面对生活中的各种考验和挑战时，总会让人变得畏首畏尾，显示出一副无能的姿态。即便眼前摆着的是一个绝佳的机会，他也会前瞻后顾，想象着各种可怕的结果，完全不敢奢望自己能够成功，更不敢付诸行动。最后，就印证了希腊先哲苏格拉底的那句话："人失去了勇敢，就失去了一切。"

潜意识就是这样一个玄妙的东西，当你心中不断重复某个概念的时候，无论你喜欢不喜欢，它都会吸引这个概念的到来。你总是畏畏缩缩、胆怯害怕，担心自己难以做成事，那么你就真的中了魔鬼的"毒药"，所有的潜能和光芒都会被遮挡住，变得平庸无为。

事实上，真有那么多值得忧虑的东西吗？一件事的结果真如你想的那么糟糕吗？就算事情出现了不好的兆头，也不意味着真的没有转机，如果真的变成了那样，那多半是你沉浸在无谓的忧虑中，白白耗费了时间和精力，没有将其用在恰当的地方，没有充分调动你的潜能去解决问题，去阻挡最坏的情况发生。不要说你做不到，我们都具备这样的潜能。

威廉·奥斯勒在学生时代，总是对生活充满了担忧，无论做什么事都瞻前顾后，给人一副畏首畏尾、难成大器的印象。偶然的一次机会，他读到汤姆士·卡莱的一本书，里面有这样一句话："最重要的就是，不要用过去的阴影看远方模糊的未来，而要毫不犹豫地做手边清楚的事。"这句话犹如醍醐灌顶般唤醒了威廉·奥斯勒，他决心要甩掉胆小和怯懦。

果然，当他不断提醒自己要勇敢一些的时候，他变得敢闯敢拼了，做事也果断坚决了。渐渐地，这种行事作风成了他的习惯，并促使他日后成为牛津大学医学院的钦定讲座教授，这是英国学医的人所得到的最高荣誉。此外，他还创建了闻名世界的约翰·霍普金斯医学院，被英国国王加封为爵士。

对于自己的做事习惯，威廉·奥斯勒解释道："用铁门把过去和未来隔断，在完全独立的今天用百倍的勇气做自己想做的事。"就是这句话，又影响了他所有的学生和成千上万的英国青年。

唯唯诺诺、畏畏缩缩、求稳怕乱，如果你足够幸运，如果生活不出意外，那你可以平庸地过一辈子，这是最好的结局。就在你为自己得到平静而欣喜的时候，你可能不知道，你为此付出的代价有多大，你葬送了自己原本无穷的潜能，换来的只是一个无聊而悲哀的人生。如果你肯冒一点儿险，也许你会比现在强大N倍。很多时候，我们能够做到的事，远比自己预想的要多，而过程也远比自己想象的要顺利。

美国作家查尔斯到了55岁时，还没有写过小说，也从未有过这样的想法。直到后来，他向某国际财团申请电缆电视网执照时，才萌生了这个念头。当时，一位朋友打电话说，他的申请可能会被拒绝，查尔斯有点紧张，开始想自己以后该怎么办。查阅了一些卷宗后，他为自己写下备忘录，其中有十几句字体潦草的句子，写的是一部电影的大致情节。

查尔斯在办公室里坐了一会儿，思索着是否还要继续这样的工作。最后，他拿起电话，拨通了作家朋友阿瑟·黑利的电话："阿瑟，我有个自认为不错的想法，想把它写成电影。你能告诉我，如何才能把它交给某个经纪人或是制片商的手里吗？"

"噢，查尔斯，我劝你别这么做。这条路的成功概率几乎为零，就算你找到一个人，他采用了你的想法并将其变成现实，你的故事梗概所得的报酬也不会太高。你真的确信，那是一个不同寻常的想法吗？"黑利在阐述了自己的观点后，略带怀疑地问道。

"是的。"查尔斯回答得十分肯定。

"好，如果你确信，那么我提醒你，你要为它押上一年时间的赌注，把它写成小说。如果你能做到这一点，你会从小说中得到收入，如果很成功，那你就把它卖给制片商，得到更多的钱，这是故事梗概远不能做到的。”

放下电话后，查尔斯走出了房间，他不停地问自己：“我有写小说的天赋和耐心吗？”当他思考这一问题时，他突然变得很有信心，仿佛看到自己在进行调查、安排情节、描写人物、开始撰稿，然后不断地润色……查尔斯当即决定，为这件事押上一年的时间。

一年零三个月后，查尔斯的小说完成了。他的小说在加拿大的麦克莱兰和斯图尔特公司，在美国的西猛公司、舒斯特和艾玛袖珍图书，在大不列颠、意大利、荷兰、日本和阿根廷都得到了出版。最后，它还被拍成了电影《绑架总统》，由威廉·沙特纳、哈尔·霍尔布鲁克、阿瓦·加德纳和凡·约翰逊主演。

就这样，从未有过写作经验的查尔斯，一跃成了著名的作家。在这之后，他的写作天赋和灵感就像泉涌一样源源不断，又写出了五部小说。

意念可以毁灭一个人，也可以成就一个人，就看你秉持什么样的态度。在仅有一个故事梗概的时候，查尔斯也是怯懦的，一直怀疑自己是否有写作的天赋。可当他静下心来思考，眼前浮现出行动和结果的蓝图时，他摒弃了所有的疑虑和恐惧，坚定了要做这件事的决心和信心。正是从那一刻起，他的写作才能被激发了，在年过半百之际让他的人生达到了前所未有的高度，在不曾接触过的领域获得了令人瞩目的成功。

生命的无限可能往往不是淹没于身份的卑微，也不是淹没于失败的过往，而是淹没于内心的怯懦。你越是害怕，就越不敢迈步，当你忘记了所有的假想，就会变得果断而勇敢。

Chapter 9

调适心境，移除压力的暗堡

没有负重的人生不完满

活在世上，身体、学业、工作、情感、人际任何一个环节都不可能是顺风顺水的，压力自然也就如影随形。很多人一提到压力，就不免会感到紧张，甚至心生反感，快节奏生活带给人的诸多负面影响，也开始让心理减负、情绪减压成为各大媒体争相谈论的焦点。

那么，究竟什么是压力呢？对此，不同的人看法也是不一致的。

医生会从生理功能的角度解释，而心理学家会从行为和心理转变的角度解释，管理学家可能从机制竞争的角度来解释，而普通的非专业人员可能会从日常生活的角度来理解，如工作压力、家庭压力、精神压力等。不管怎样解释，对于每个人，压力都是客观存在的。

概括来说，压力主要包含三个方面的内容。

第一，使人感到紧张的事件或环境。

比如你是一家公司的销售经理，在你所负责的产品当中，有一个出现质量问题，这是一个紧急情况，必须立即解决，否则就会造成严重的后果，这是一种工作压力。

第二，一种主观的反应。

从这个意义上讲，压力是一种心态，它是人体内部出现的解释性的、情感性的、防御性的反应过程。例如，某一天，你起床晚了，导致上班的时间延迟，而在上班的途中又倒霉地遇到了大塞车。此时的你一定会认为自己非常不顺，并且还会担心，由于迟到，老板会不会给你好脸色，甚至把你炒鱿鱼。这是一种心理压力。

第三，人体对伤害侵入的一种生理和行为上的反应。

这种反应是每个有压力的人都很容易体会到的。人们在有压力的情况下，大脑会分泌出肾上腺素等激素，通过血管流淌到身体的各个部分，于是就引起了生理反应。这个时候，人会感觉心跳加速、呼吸急促、视觉敏锐、肌肉紧张、开始出汗，等等。

从生理心理学的角度看，一个人长期、反复地处于超生理强度的紧张状态中，很容易变得急躁、激动、恼怒，严重者还会出现大脑神经功能紊乱，有损身心健康。但我们在前面也提到过，没有一种情绪是完全没有价值的，压力也一样。美国心理学家研究表明：如果采取合适的态度，压力将成为健康刺激剂而非威胁。

第二次世界大战结束后，英国皇家空军统计在战争中失事的战斗机和牺牲的飞行员，以及飞机失事的原因和地点，结果令人震惊：夺走生命最多的不是敌人的猛烈炮火，也不是大自然的狂风暴雨，而是飞行员的操作失误。更令人惊讶的是，事故发生最频繁的时段，不是在激烈的交火中，也不是在紧急撤退时，而是在战斗机完成任务后凯旋，即将着陆的几分钟内！

很多人对此表示不解，但心理学家对这一结果丝毫不惊讶，说这是典型的心理现象。在高度紧张过后，一旦外界刺激消失，人类心理会产生“几乎不可能抑制的放松倾向”。面对敌人的枪林弹雨，飞行员的精神自然会高度集中，尽管外界环境恶劣，他们的大脑却处于极度兴奋状态，反而不容易出现纰漏。

当任务完成后，在返航途中，飞行员的精神越来越放松。当他们终于看到熟悉的基地，飞机离跑道越来越近时，内心会忽然有一种“落地”的踏实感。恰恰是这一瞬间的放松，导致了操作失误，酿成大祸。因此，这种状态也被称为“虚假安全”。

每个人都逃脱不了压力的纠缠，负重而行的感觉当然会很辛苦，但没有负重的人生也未必轻松惬意。没有了压力和负重，也就无所谓责任，更难以体会到问题得到解决后那份如释重负的快感。作家刘墉在谈到人生时，说过这样一番话：“面对人生的起起落落，人生的恩恩怨怨，却能冷冷静静一一化解，有一天终于顿悟，这就是人生。”

面对压力这件事，我们要坦然地接纳，它就是生命和生活的一部分；对于压力带来的紧张情绪，我们要学会调适，为自己树立切实可行的目标，切断那些把情绪带入深渊的欲望，在豁达与变通中，把压力化为成就自己的垫脚石。

把压力控制在一定限度内

曾几何时，她是大学中文系里出了名的才女，书法儒雅大气，文笔清新华丽，靠着自己的才华，出版了不少作品。那时的她，任谁见了都不禁被她的气质打动，穿着上与普通的女子倒也没什么区别，可神韵里透出的那一份知性美，却是装饰不出来的。

走入社会后，生活的压力、浮躁的环境让她慢慢改变了最初的理想。当年那个只想带着一颗心行走天涯的女孩，不知不觉开始对物质有了更多的欲望。她创办了一家属于自己的公司，承接的依然是写作上的事宜。繁忙的工作让她焦头烂额，偶尔朋友在网上联络她小聚，她都以忙为理由拒绝，生怕耽误了时间。

家人劝她不要太累，给自己留点休息的时间和空间。这些道理她都懂，可她停不下来，自己贷款买了房子，想快一点把月供还完，若是现在不忙一点，什么时候才能还完呢？她总说："我希望自己结婚生子的时候，一切都安稳下来了，不用再为柴米油盐发愁。"

五年的时间，她把房贷还得差不多了。可这时的她，又想给自己换一辆更好的车。公司越做越大，业务越来越多，再开从前的车，似乎无法体现自己的身份了。朋友见此情形，理解之余又多了点感叹，只得提醒她，她和从前不一样了，浑身带着一股世俗之气，曾经那高贵而美好的灵魂，已经丢得很远了。

朋友的旁敲侧击触碰了她的内心。想起自己这几年的日子，几乎像是在“打仗”，看起来很充实，可一路走到现在，却发现根本都是假象。从前自己窝在房间里写字的时候，那份平静和惬意已经很久没体验过了，每天陪伴自己的只是风风火火、忙忙碌碌，追逐着一个又一个目标，生怕错过了什么。可静下心来想，如此急匆匆，也并未真的得到满足，反倒是越来越慌张、越来越迷茫。

泰戈尔在《飞鸟集》中写道：“休息之隶属于工作，正如眼睑之隶属于眼睛。”不会休息的人就不会工作，只有休息好了，才能更好地工作，才会有更好的生活。如果一味地、盲目地去忙，连安身立命的本钱都搞垮了，那人生也就没有忙的意义了。

物理学上有一个弹性定律：“在一定限度内，弹簧伸长的长度与所承受的重力成正比。”很多人都把后面的那句话视为重点，忽略了一个最重要的条件，那就是“在一定限度内”。凡事有度，过犹不及，超过了那个临界点，就会适得其反。

人也像弹簧一样，只能在一定限度内服从“弹性定律”，超出限度，人就会逃避、绝望，甚至崩溃。忘了这一限度的后果，必然是身心受损，乃至崩溃，就像一根被压坏的弹簧，再怎么修复也不能完全恢复原来的弹性。

对待工作和生活，一定要学会放松，设法把自己从紧张的情绪中解脱出来，把压力控制在合理的范围内。通常来说，缓解生活节奏过快带来的紧张，可以从以下几个方面着手。

▶ 不要过分苛求自己

消除紧张的情绪，从根本上来说是要降低对自己的要求。一个人太过争强好胜，事事都想做到最好、争得最优，自然会感觉时间紧迫。倘若能够认清自己能力和精力的限制，适当放低对自己的要求，凡事从长远和整体考虑，不过分在乎眼前的得失，不过分在意他人的评价，自然就能让心境放松一些。

▶ 提出合理的期望水平

人贵有自知之明，每个人都应该对自己有一个客观的评价，正确分析自己的优劣势，提出适合自己的合理期望，不能好高骛远。人可以一生平凡，只要有价值就好，各行各业的佼佼者都是因为了解自己的优势，依据优势提出合理的期望。这一点，我们每个人都能做到。

▶ 保持轻松的心态

生活不可能事事如意，我们大多数时间都是在解决问题。身处逆境的时候，一定要学会超脱。这份超脱，不是不去解决，视而不见，而是在战术上重视如何解决，在心态上适当放松，努力看到生活好的一面。

▶ 对自己说“我可以”

一个自我感觉强大的人，在精神负担方面远比一个自我感觉渺小的人要少。他们认准了一件事，不会有太多的迟疑和顾虑。所以，要善于挖掘自身的潜能，改变原来的认知与行为模式，提高自己对周围环境的适应性和调节能力，克服自卑心理。多给自己一些鼓励，人变得自信了，紧张的情绪就会得到缓解。

▶ 建立支持系统

每个人都不是一座孤岛，总会在遇到困境时渴望得到他人的帮助，这就要求我们必须建立相互支持系统，在逆境时获得良好的情感支持，减少孤独或紧张的情绪。平时要与亲友、同学、邻居、同事建立融洽的关系，多关心对方，这样才能在自己有需要时得到外界的支持和帮助。与此同时，美国科研人员也证实，帮助别人本身也能免除精神紧张。

生活需要背负一定的压力、承受一定的疲惫，但我们不能无休止地忙，要学会把压力控制在能够承受的范围之内。当身心被压力全盘占据，没有一丝空白时，就如同机器一样冰冷麻木，再无法体味生命的美好和意义。

放下完美，允许自己成为人

车尔尼雪夫斯基说过："既然太阳上也有黑子，人世间的事情就更不可能没有缺陷。"

做事要求完美，是一种难能可贵的品质。只是很多时候，过度的完美主义却显得不太理智，对各种各样的瑕疵和残缺的不满往往会阻碍人的正确判断，使人陷入一种消极的情绪中，给自己带来无形的心理压力，对自己的能力产生怀疑。

有一位画家，潜心学画十几年，深得传统派的真谛。他所作的一幅山水画曾在省级美展中受到广泛关注和好评。画展结束时，一位资深画师好心建议他，平时多读读王维的诗，体会其意境，拓展思路和视野，会让他的画技有更大的提升。

这番话让画家觉得，自己的作品还有诸多不足，有待完善。后来有人来买这幅画，他怎么都不肯卖，总嫌画作不够完美。他一直盯着这幅画看，越看问题越多，最后竟赌气将其毁掉了。他决心要画出最完美的当代山水画，可无论怎么画，他都觉得不满意，不是这儿有毛病，就是那儿有问题……时间久了，他竟找不到原来作画的感觉，画技也退步了。

渴望达到完美境界的人，与他们可能获得成功的机会，往往是背道而驰的。追求完美的人，内心深处隐藏着焦虑、沮丧和担忧。事情开始时，他们担心失败，生怕做得不好，寝食难安。这种状态让他无法专心做事，影响了能力的发挥。一旦后期遇到挫败，他又很容易一蹶不振，不愿去面对现实。背负着这般沉重的心理包袱，可想而知，他的事业、生活、人际都会受到负面影响，让他每天都活在焦躁不安中。

某大型企业的一位销售代表，虽然入职才两年多，可显赫的业绩足以让他傲视曾经一起进入公司的同事。他在公司里总是一副自信满满的样子，做事一丝不苟，再难缠的客户他也有耐心应对。眼看着业绩和奖金屡增不减，周围人都认为，他极有可能被提升为销售部主任。

顺利的职场生涯并未给这个年轻的销售代表带来多大的鼓舞，尽管表面看来，他洋溢着自信，可他内心深处从来没有真正满意过。在他眼里，一个人只有“最成功”才是成功，只有“最好”才是好，只有“十全十美”才可以满意。从大学时代起他就如此，不管做什么事都要殚精竭虑、未雨绸缪，竭力避免错误和失败。

按理说，人思虑周全是好事，做足准备是为了让自己没有遗憾，正所谓不求尽善尽美，但求尽心尽力。不过凡事有度，过犹不及。他对成功和完美的追求，实则是对失败的担心和对不完美的恐惧，他拼命努力的动机纯粹是为了避免失败、减少错误。

在他的潜意识里，非要业绩比别人好，工作上有显著成就，才能找到自身的价值，否则，他就觉得自己是个失败者，是个没用的人。他不接受别人的鼓励，是因为他把所有的精力都放在自己做不好和做不到的地方了，他总想着如何弥补这一点。在他心里，自己做好那是理所当然的，做不好却是不能被原谅的。可是，谁敢保证自己的事业能够几十年平步青云，没有摔跟头的时候？

终于有一次，他因为交通意外情况迟到，遭到了某重要客户的指责，他再三解释，对方还是依依不饶，最终双方没能谈妥那笔生意。公司里公认的“金牌销售”没能维护好客户关系，丢了一大笔生意，这个消息很快传遍了公司。一向自傲而追求完美的他灰心丧气，觉得自己很无能，竟然犯了如此“低级”的错误，他自责不已。

那一个月里，他整个人郁郁寡欢，平常给客户打电话都很热情的他，说话有气无力，做事一点斗志也没有，他时常回想起自己和客户见面那天发生的情景，想着想着自己就烦躁不已，恨不得时光能倒退，重新来过，让他把所有处理得不够完美的地方都修补一下，改变现在的结果。

作为旁观者，我们可能会觉得他完全是自己给自己挖陷阱。可置身于生活中，却有太多与之相似的人，都在饱受着这样的煎熬。他们恐慌失败，不管已经多么成功，只要出现缺点和不完美，就会让他们觉得一切成就都黯然失色。他们纠缠在搜寻缺陷和“全有或者全无”的思维里，即便眼前摆着半杯水，也会把半空的杯子视为全空。

在他们看来，一生中都顺利而不摔跤是完全有可能的（当然也是值得期待的）；所有失败都是可以避免的，避免失败是他们能力范围内的事。不得不说，这是一种消极的完美主义。一旦这种信念蔓延开来，整个人都觉得无力、无望，甚至是无用，最后将停止任何尝试。

一个人的情绪状态如何，关键在于他的心态。如果总是沉浸在对自己的不满、对失败和瑕疵的烦恼中，就会产生抑郁和自责，甚至引发低自尊的问题。可是，有谁的人生是直线式的呢？哈佛教授沙哈尔在其“幸福课”中反复重申着这样一个观点：“give ourselves the permission to be human ”，直译过来便是：允许自己成为人！这里的“人”是指有七情六欲、生活有起起伏伏的人。

沙哈尔教授也曾是一个完美主义者，一直期望着能够从起点A直接通往终点B的生活。可事情不总是如此完美，当他经历了一段漫长的煎熬的岁月后，他开始调整自己，力求成为一个追求极致，但允许自己失败的人，并深刻地认识到，曲线式的人生才是常态。

别再用完美主义苛求自己了！只有从容接纳黑暗的人，才有资格接纳光明；只有从内心深处承认和接纳自己不完美的人，才能放下心中的包袱，自信地去把握住现实中的自己，穿过焦虑、失败的阻挡，开启更加美好的人生。

倾诉吧！给情绪一个出口

一个独自在外打拼的女孩，在距离上一次跳楼不足两个月后，再一次从高层跌落。那一跃，所有的年华、所有的故事，都随着尘埃飘散了。她离开后不久，家人在她的枕头下发现了一瓶安定，还有一个破旧的日记本，日记本上零零碎碎地记录着她的遭遇。

女孩说，她其实早已厌倦了生活。奔波在大城市里，没有丝毫安全感，每天戴着面具做人，剩下的只是疲惫。与上司相处要察言观色，处处小心；与同事相处要谨言慎行，生怕得罪了谁；与客户相处要热情洋溢，就算受了委屈也得笑脸相迎。每天遇到各式各样的人，遇到错综复杂的事，有失意，有痛苦，有愤懑。许多话不知该向谁说，也不知有谁值得相信，憋闷在心里久了，就变成了对生活的厌弃。

在浮躁而复杂的世界里，她那颗脆弱而装满压力的心，承受不住生活的重量，就做出了极端的选择，用结束生命来逃避这一切。痛心的事发生后，周围多少知道她名字的人不禁扼腕叹息：姑娘，你心里那么苦，为何不肯说出来呢?

高尔基曾经说过："我相信，如果怀着愉快的心情谈起悲伤的往事，悲伤就会烟消云散。"

一个内心强大的人，不是把所有的情绪都默默地装在心里，把所有的事情都扛在自己肩上，沉浸于苦难之中，而是在任何境况下，都能够让自己保持最佳的状态，与外界的阴晴雨雪和平共处。当变故如潮涌般袭来时，要勇敢地敞开心扉，给这些压抑的情绪找一个出口。

沐子很喜欢轻哼孙燕姿的那首《天黑黑》：“我走在每天必须面对的分岔路，我怀念过去单纯美好的小幸福……”她忆起儿时和几个小女孩吵架，哭得像个泪人儿一样跑回家，扎在母亲的怀里哭诉委屈。那时候的自己很幼稚、很爱哭，却很幸福。

渐渐长大之后，沐子开始把什么事都藏心里，总觉得母亲不能够理解自己的想法和做法，彼此间有了代沟。上学、工作、恋爱，生活积累在她心里的东西越来越多，绝大多数时候，她都是默默承受，很少会淋漓地倾诉一番。抑郁的日子里，她总把自己关在房间里，喝酒、哭泣，折磨着自己。坏情绪的肆虐，顺带也害苦了男友，沐子的郁闷无处发泄，不经意间就会把男友当成出气筒。

朋友劝她说：“你得学会倾诉。记住，是倾诉，不是嘶吼，不是吵架，而是心平气和地说出来。当你把拧巴的心情和痛苦，挑挑拣拣地说出来，苦味儿就会变淡，心里也会舒服许多。”对于已经有抑郁倾向的沐子而言，迈出倾诉的第一步，谈何容易？可她还是尝试了。

沐子至今还记得，第一次向过去的同事倾诉的情景。那天，老板可能心情不好，无端地批评了沐子。在大庭广众之下，沐子的脸阵阵发烫，她甚至忍不住掉了眼泪。事后，她心绪不宁，心里委屈得要命，下班时甚至没敢直接回家，生怕自己在家人面前情绪失控。

那一刻，她想到了自己过去的同事，也算是职场里的第一位“师傅”。

她想给“师傅”打电话，可拨了号码之后赶紧又按下了挂断键。她犹豫了，来回几次，始终下不定决心。如果再这么耗下去，也许今晚都会失眠，想到这儿，她鼓起了勇气。

听到“师傅”热情的声音后，她悬着的心落了下来。在倾诉中，“师傅”开导了她，让她觉得自己的遭遇其实算不上什么事儿，跟“师傅”的经历比起来，简直不值一提。

电话聊过后，沐子心里的压抑已经少了许多。她明白了，很多事情本没有自己想象的那么严重，只不过自己深陷其中，钻了牛角尖。正所谓，旁观者清。很多事，你倾诉出来，听的人只要稍稍一点拨，你就会立刻幡然醒悟，笑自己的固执和狭隘。

倾诉是一扇门，你把它打开，心中的快乐和悲伤就能够自由地流淌；倾诉是一面镜子，能够照得见别人，也可以看得见自己。不过，倾诉和宣泄也是要讲对象和方式的。

▶ 向关心和理解自己的人倾诉

志同道合的知心朋友在我们的生命中占据着特殊的地位。很多人都愿意把自己的苦闷、忧愁、悲伤乃至愤恨向好友倾诉。而亲密的朋友呢？恰恰是解决这些令人头痛问题的能手，他们会帮你找出产生不良情绪的根源，还会帮你卸下心灵的包袱，摆脱坏情绪的困扰。

▶ 别把倾诉变成无休止的抱怨

找到了倾诉对象，不要没有节制地把心里的“垃圾”乱倒一气，反复地诉说你的抱怨。如此一来，不管对方和你关系多么亲密，他也难以忍受，因为负面情绪是会传染的，影响到了对方的情绪和生活，你的倾诉就成了骚扰。特别是家庭琐事，别人未必能够与你产生共鸣，你的喋喋不休只会惹人厌烦。

▶ 不要过分放大困难不能自拔

每个人都会遇到困境，不要人为地去放大困难，陷入其中不可自拔。沉溺在苦难中，就如同将心灵置于垃圾堆中，它会毒化心灵，使心灵失去光泽。如果你找不到一位令人感到安全的听众，那就要试着想其他倾诉的办法，比如找心理医生，或者把坏情绪写出来，发到私密的网络空间，或是说给陌生的网友，这些都能够帮你倾倒出心灵垃圾。

专注时要张，休息时要驰

他有一份不错的工作，但因为年轻气盛，不甘一辈子平庸，又利用业余时间做起了品牌代理。就这样，他既要忙单位的事，又要处理外面的业务，就像一台高速运转的机器，每天都在超负荷地工作。数年后，他有了属于自己的房子，也有了一定数额的存款，可因为终日奔波劳碌、身心交瘁，才三十几岁的他，猛一看上去，苍老得看像四十多岁的人。

如果仅仅是显老，那还不要紧，令人担忧的是，他因为长期神经高度紧张，患上了神经衰弱，动不动就头疼。为此，他看了好几位心理医生，可情况并无好转。晚上，他服下安定类药物，仍然抱着电脑工作，手心冷汗不绝。

长期合作的老朋友劝他，每天找一件琐事来做，做的时候要全心全意专注于此，其他任何事都别想。他笑着说："你这不是开玩笑吗？我现在都想不出自己有什么琐事可做。我感觉自己的事都很重要，就连打高尔夫球都是商场心理战。午饭、晚饭不用说了，都是为了应酬。不夸张地说，有一天早上我开车到公司，直到坐在办公室的位子上，我都想不起来自己究竟是怎么把车开过来的。现在脑子里这种空白越来越多。"

老朋友叹了口气说："这才是问题的关键啊！我年轻的时候，靠着自己借来的两万块钱开了一家小店。后来，生意越做越大，压力也越来越大，和你现在的状况差不多。我跟一位前辈诉苦，他却给我'讲故事'。

"二战时期，德国法西斯攻打英国，伦敦经常是火海一片，轰炸声不绝，可在这么紧要的关头，丘吉尔竟然坐在沙发上织毛衣。这件事传了出去，所有的英国人都不理解，抱怨他是一个无心的首相。后来，人们才知道，织毛衣是丘吉尔独特的休息方式和自我放松术。他指挥着百万大军，管理着战乱中的国家，精神经常处于高度紧张的状态，他把仅有的一点空闲时间用来织毛衣，就是想分散自己的注意力，让精神得到放松。咱们的压力再大，也大不过丘吉尔吧？他都能抽出点儿时间放松，你还不能吗？"

说完这番话，老朋友看到他的书架上方摆着一盆绿萝，便说："你每天抽出15分钟的时间，好好照顾这盆绿萝，给它浇水、洗洗叶子，吹一阵口哨给它享受享受。坚持一个月，你看看自己会有什么变化？"

一个月之后，他再见老朋友，状态果然好了许多。老朋友感叹："那盆绿萝真是功臣，你以后可别怠慢它啊！"说完后，两个人的笑声充盈着整个房间。

我们生活在一个充满紧张的世界，不安的因素环绕在身边，脸上和言谈中随处都显现出一种莫名的严肃。紧张，似乎已经成了生活和工作的基调，许多人只晓得接受，却不知如何调节，任由它侵扰着内心，制造压抑和束缚。

当然，生活中也不乏智者，能够控制紧张，就像看电视一样，能开能关，运用紧张为自己的目标服务。需要专注的时候，精神高度紧张；需要放松的时候，就从紧张中释放出来，把所有压力排除。

真的可以这样吗？没什么不可能的，把带来压力的紧张关掉，你也完全可以做到。

▶ 方法1：放松身体的每块肌肉。

当精神高度紧张时，全身的肌肉都会绷紧，会消耗大量的精力，让身心产生疲倦感。所以，要释放紧张的情绪，不妨尝试一下全身放松法。集中心力，从眉毛、下巴、嘴唇、喉咙，然后肩部、双手、腹部与大腿，一直到脚部，慢慢放松。这与冥想类似，你可以假想一切都是自由自在的，让肌肉全部放松，坐在椅子上，想象全身没有力气，让椅子承受自己的全部重量，肌肉不必担负任何重量。坚持两分钟，你会发现身体释放出了许多负能量。

▶ 方法2：安静地对自己说说话。

当我们一直说着紧张的事时，往往会变得更紧张，说话的嗓音也会变大。因为，语言可以映射出思想，而思想也决定着语言，两者是相互影响的。当你感到紧张时，不妨让自己说话的语速慢下来，尽量使用平静的语调及字眼，静静地安抚自己，让紧张的情绪得到缓和。

▶ 方法3：说出或写出你的担忧。

美国的医学专家曾经对一些患有风湿性关节炎或气喘的人进行分组，一组人用敷衍的方式记录他们每天做过的事情；另外的一组被要求每天认真地写日记，包括他们的恐惧和疼痛。结果，研究人员发现：后一组的人很少因为自己的病而感到担忧和焦虑。因此，当你感到紧张不安的时候，尝试写一篇宣泄的日记，或是找知心的朋友聊聊，都会让你觉得舒服一些，减轻心灵的孤独感和无助感。

▶ 方法4：把紧张感转移给植物。

澳大利亚的一些公园里，每天早晨都会有不少人拥抱大树，据称：他们在用这种方式减轻心理压力。相关人员研究发现，人在拥抱大树时可以释放体内的快乐激素，与之对立的肾上腺素，即压抑激素则消失。所以，当你感到紧张或不顺心时，也不妨找个清静的地方，伸开双臂去拥抱大树两三分钟，感受一下植物的神奇力量。

挣脱自己捆上的精神枷锁

凌晨1点，陈冉躺在床上辗转反侧，怎么都睡不着。这种失眠的状态已经持续一个月了。她说不清楚自己究竟是怎么了，只是莫名地焦虑、害怕，对未来的生活无比担忧，甚至不敢想象。白天的工作紧张忙碌，让她应接不暇，可若真让她辞职休息一段时间，她心里又很不踏实。想想自己，已经快35岁了，多么“可怕”的年纪，随时都可能被老板解雇，而那些招聘启事上，无一例外地写着年龄要求22~35岁。

她和丈夫都是普通的工薪阶层，没有富足的家境，没有可以依赖的父母，一切都只能靠自己打拼。结婚7年了，他们还没有买到属于自己的房子，看着周围那些年轻漂亮的女孩，刚把结婚的事提上日程，就开始东奔西走地四处看房，她突然有种羡慕之感，想想自己又觉得很“可悲”，奋斗了这么些年，孩子都几岁了，竟还跟公婆挤在80平方米的房子里，那种挫败感随时都能将她吞噬。一想到这些，她就恨不得自己分身有术，每天打三份工，多赚点钱。金钱、房子、孩子，也许是她现在仅剩的动力了，至于什么理想、愿望，早就被生活磨灭了。

每天带着这样那样的恐慌和压力行走在人群中，她真是累，真是烦。唯一的发泄途径，就是在网上跟好友唠叨唠叨，可俗话说“家家有本难念的经”，朋友也有自己的难处，赶到两个人都烦闷时，真是越聊越沮丧。

所幸，她还有一个体贴的丈夫。看到她最近郁郁寡欢的样子，丈夫几次提议让她向公司提出休假，或是辞职，只是她不肯。而今，她到了崩溃的边缘，心灵的不堪重负，终于开始在身体上发生了“报复行动”——失眠、焦虑、抑郁、厌食，更要命的是，她已经不知道如何进行自我调节了，或者说压力到了一定的程度，已经不是三言两语、休息两天能解决的事了。

她的辗转反侧惊动了丈夫。他叹了一口气，说道：“你再这样下去，身体和心理都会出大问题，把你的精气神全磨没了。给你讲个故事吧！说有一种小虫子很喜欢捡东西，在爬过的路上，只要是碰到的东西，它都捡起来放在背上，最后它被身上的重物给压死了。你现在就是，喜欢把各种压力往身上背，不管是必要的还是无谓的，都不放过。”

陈冉沉默了一会儿，说：“工作压力大，我能怎么办？我也不想这样，每天烦得不行。”

丈夫发现陈冉的情绪又开始变得烦躁，便说：“谁的工作都有压力，这是很正常的事，但问题是，你不要因为一些不必要的事跟自己较劲。换句话说，做任何工作，做任何事，都不会打垮人的精神；能够打垮人的，是做事情时的心，在没开始工作之前，就已经因为各种忧思耗损过度了。你要想给自己减压，就得先把心结打开，别给自己太多的精神枷锁。”

想想丈夫说的话，陈冉若有所思：也许，真的不是工作给自己制造了压力，而是自己往心里装了太多的东西，才让它变得不堪重负。

生活应该是丰富多彩的，没有谁的生活会一成不变，我们渴望一帆风顺的快乐，但也不能拒绝挑战和压力带来的磨炼。缺了谁，生活都会显得有几分单调。

有句话说得好："上天给你的任何困难与考验，都是你所能承受的。"当我们感觉难以承受时，那往往是自己有太多心结。要知道，世界上能够摧残人的激情、阻碍人的志向、减低人的能力的东西，无过于给自己施压。关于如何给自己减压，这里有四条适用的原则，你不妨牢记于心。

▶原则1：别把他人的压力放在自己身上。

看到别人升职、发财，不要总纳闷：为什么会这样呢？为什么不是我呢？其实，只要自己尽了力，做好自己的工作，过好自己的生活就行了，有些东西是急不来也想不来的。与其给自己制造烦恼，不如想一些开心的事，多点乐趣，让生活丰满起来。

▶原则2：善待自己，凡事不跟自己较劲。

别把重负一件一件披在自己身上，舍不得扔掉。爱护身心，就该懂得取舍，学会轻装上阵。遇到麻烦事，别跟自己较劲，找个其他方式发泄一下，就不会被生活的压力压倒。

▶原则3：转移并释放你内心的苦闷。

压力太重背负不动，那就干脆放下来不再想它，把注意力转移到那些让你感到轻松的事情上来。等到心态调整平和以后，已经褪去坏情绪的你，再看刚刚令你感到烦闷的事，可能就会觉得：那都不叫事儿。最简单的方法，就是做运动，既锻炼了身体，又释放了压力。

▶原则4：换一种方式来看待压力。

人生不可能没有压力，再理想化的生活，也要经历升学、就业、跳槽等一系列事情，几乎每一个成长的足迹就是在压力下走过的。别害怕压力，别憎恶压力，尽情享受生活乐趣的时候，也对当初让自己曾经头疼不已的压力心存一份感激。这样，你会更懂得珍惜快乐的时光。